Python_{による}「プログラミング_的思考」入門

Python による

「プログラミング的思考」入門

Google
Colaboratory
［対応］

河西朝雄

ASAO KASAI

技術評論社

はじめに

　「プログラミング的思考」とは、ある問題を解決するための方法や手順をプログラミングの概念に基づいて考えることである。この抽象的な概念は実際にプログラミングをしてみなければわからない。本書はPythonというプログラミング言語を用いて「プログラミング的思考」とは何かを解説する。

　狭い意味でのプログラミング学習（デバッギング、OS関連、システム設計などを除く）は、下図のように、言語学習、技法・書法、アルゴリズム学習の組み合わせにより上達していくと考えられる。本書で扱うプログラミング的思考の範囲は、言語仕様、技法・書法、簡単なアルゴリズムである。より詳細なアルゴリズムは『Pythonによるはじめてのアルゴリズム入門』（河西朝雄著、技術評論社）を参考にされたい。

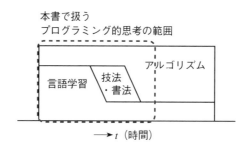

　プログラミング的思考を支える5本柱として以下が考えられる。

①流れ制御構造（組み合わせ）

　連接、分岐（判断）、反復などの基本制御構造を組み合わせてプログラムの骨格ができる。

②データ化

　プログラムではいろいろなデータを扱う。実社会で扱うデータには様々なものがある。こうした各種データをプログラムで扱う場合にどのようにデータ化するかは重要である。

③抽象化と一般化

たとえば三角形、四角形、五角形を描く問題を「n角形を描く」という問題に一般化する。

④分解とモジュール化

複雑な問題の場合には、解決できる小さな問題に分解して、問題を解決しやすくする。

⑤データ構造とアルゴリズム

コンピュータを使った処理では多量のデータを扱うことが多い。この場合、取り扱うデータをどのようなデータ構造（data structure）にするかで、問題解決のアルゴリズムが異なってくる。

本書はこうした考えを基本にしながらも、プログラミング初心者がPythonを使ってモチベーションを持ちながら学習できるように簡単でも興味が持てる例題を用意した。例題を理解したうえで、練習問題を解くことにより、より理解が定着することを期待する。細かなPython文法は付録にまとめたので、必要に応じて参考にしてもらえばよい。

2024年3月

河西朝雄

目次 •••••••••••••••••••••••••••••••••• Contents

第 2 章 Python の書法・技法

第 3 章 Python でのグラフィックス

第 7 章　プログラミング的思考の実践③〜アルゴリズム　227

プログラミング的
思考とは

プログラミングというものが存在しない古い時代から「論理的思考」という考え方はあった。

論理学では以下のようなアリストテレスの三段論法がある。三段論法とは演繹的推論を定式化したものであって、大前提、小前提、結論から成り立っている論証法である。

すべての人間は死すべきものである（大前提）

ソクラテスは人間である（小前提）

ゆえにソクラテスは死すべきものである（結論）

一般に、論理的思考とは、物事を体系的に整理し、矛盾や飛躍のない筋道を立てる思考法である。世の中には三段論法のような定式化できない複雑な論理的思考がある。たとえば、詰将棋である。以下は「1一角・同金・2三金」または「1一角・同玉・2一金」または「1一角・1三玉・1四金」の3手詰である。

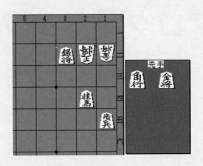

この詰将棋の問題を解決するための論理的思考は人間の経験的知識を元にしていて、数学の証明のように画一的にできない。

この画一的にできない論理的思考をコンピュータが理解できる形式やコンピュータが得意とするアルゴリズムに置き換えることがプログラミング的思考である。

2010年代に将棋AIソフトが登場し、AIと人間のどちらの方が、将棋が強いのかを決めるべく、将棋電王戦が開催された。近年の将棋AIソフトはディープラーニング系のアルゴリズムの進歩でプロ棋士をもしのぐ実力を持っている。また将棋の対局中継では先手・後手の形勢判断を数値（パーセント）で表示し、最善手の候補を示す。

本書ではAIアルゴリズムのような高度なものは扱わないが「21を言ったら負けゲーム」のような比較的かんたんな問題をプログラミング的思考で解く方法を解説する。

0-1 | プログラミング的思考とは

■ 文部科学省の学習指導要領では

　文部科学省では学習指導要領改訂において、小・中・高等学校を通じてプログラミング教育を充実することとし、2020年度から小学校においてもプログラミング教育を導入することになった。プログラミング教育の中で重要なことの1つとして「プログラミング的思考」を掲げている。小学校プログラミング教育の手引（第三版：令和2年2月文部科学省）では、「プログラミング的思考」とは、「自分が意図する一連の活動を実現するために、どのような動きの組み合わせが必要であり、一つ一つの動きに対応した記号を、どのように組み合わせたらいいのか、記号の組み合わせをどのように改善していけば、より意図した活動に近づくのか、といったことを論理的に考えていく力」としている。

■ 論理的思考とプログラミング的思考の違い

　論理的思考とプログラミング的思考はいくつかの共通点があるものの、以下のような相違がある。

- 論理的思考

  三段論法、ロジックツリー、証明など論理的思考を実現する方法がある。論理的思考では問題を分析し、関連する事実や前提条件を考慮して論証を構築する。仮説を立て、証拠を提示し、それに基づいて結論を導き出す。

- プログラミング的思考

  論理的思考をコンピュータが理解できる形式やコンピュータが得意とするアルゴリズムに置き換えること。プログラミングでは、具体的な手順を記述し、コンピュータに命令を与えることで、目標を達成する。プログラミング的思考では、流れ制御構造、データ化、抽象化と一般化、分解とモジュール化、データ構造とアルゴリズムなどのプログラミングリテラシーが必要となる。

■ プログラミング的思考へのアプローチの仕方

「プログラミング的思考」へのアプローチの仕方は、以下の2つの方法がある。

A:教育学的抽象的アプローチ（アンプラグドプログラミング）

B:プログラミングリテラシーを用いたアプローチ

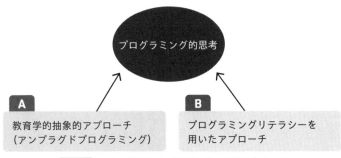

（図 0.1） プログラミング的思考へのアプローチ

■ アンプラグドプログラミングとは？

　教育学的抽象的アプローチの一つの方法として「アンプラグドプログラミング」がある。「掃除の手順」や「ロボットがコーヒーを飲む手順」というような身近な課題を解決する手順（アルゴリズム）を考える。

　アンプラグドプログラミング（Unplugged：電源プラグをつながない）とは、パソコンなどを使わずに、プログラミングを学習することである。

　以下にアンプラグドプログラミングの具体例を示す。

例題 0-1 マスの中を移動する命令は以下の8種類ある。それぞれ矢印方向に進む。色つきの矢印は進んだ先にあるマスの文字を拾うが、白矢印は拾わない。

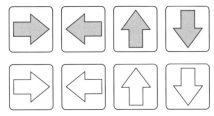

Startから初めて、以下の命令を実行したときに拾う文字は何か？

Start	い	か	れ
り	め	ち	ぶ
み	す	ご	も
ろ	ん	と	ま

正解は「りんご」。

0-2 プログラミング的思考を支える考え方

序章

■ プログラミング的思考を支える5本柱

「アンプラグドプログラミング」はプログラミング的思考を考える上では訓練にはなる。しかし、いわば机上の理論で、実用性はない。具体的問題を解決するためには、実際にプログラム言語を用いなければならない。これがプログラミングリテラシーを用いたアプローチである。

実際にプログラミングを行う上で、プログラミング的思考を支える5本柱として以下が考えられる。

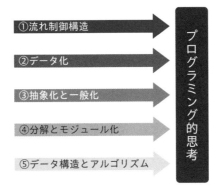

①流れ制御構造
②データ化
③抽象化と一般化
④分解とモジュール化
⑤データ構造とアルゴリズム
プログラミング的思考

図0.2 プログラミング的思考を支える5本柱

①流れ制御構造（組み合わせ）

連接、分岐（判断）、反復などの基本制御構造を組み合わせてプログラムの骨格ができる。

②データ化

プログラムではいろいろなデータを扱う。実社会で扱うデータには様々なものがある。こうした各種データをプログラムで扱う場合にどのようにデータ化するかは重要である。

③抽象化と一般化

たとえば3角形、4角形、5角形を描く問題を「n角形を描く」という問題に一般化する。

④分解とモジュール化

複雑な問題の場合には、解決できる小さな問題に分解して、問題を解決しやすくする。

⑤データ構造とアルゴリズム

コンピュータを使った処理では多量のデータを扱うことが多い。この場合、取り扱うデータをどのようなデータ構造（data structure）にするかで、問題解決のアルゴリズムが異なってくる。

プログラミング的思考を
身に付けるには

■ 正多角形を描く問題

以下のような正多角形を描く問題を考える中で、プログラミング的思考を身に付ける考え方を説明する。正多角形の各頂点の座標を元に書くこともできるが、ここではタートルグラフィックス的手法を用いる。

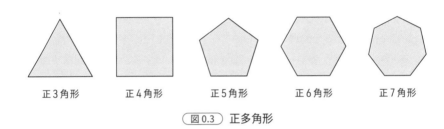

正3角形　　　正4角形　　　正5角形　　　正6角形　　　正7角形

（図0.3）　正多角形

■ 正3角形、正4角形を描く手順

正3角形を書く手順は以下である。開始点から右に100ピクセル進み、反時計方向に120°向きを回転し、100ピクセル進む。さらに120°向きを回転し、100ピクセル進む。これで開始点に戻り、正3角形が書ける。

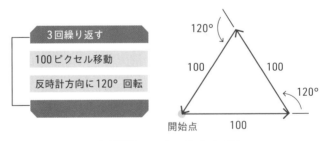

（図0.4）　正3角形を書く手順

正4角形を書く手順は以下である。開始点から右に100ピクセル進み、反時計方向に90°向きを回転し、100ピクセル進む。さらに90°向きを回転し、100ピクセル進む。さらに90°向きを回転し、100ピクセル進む。これで開始点に戻り、正4角形が書ける。

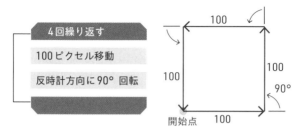

（図 0.5）正 4 角形を書く手順

■ 一般的規則を見つける

　ここまでで分かったことを表にする。以下は正 3 角形、正 4 角形を描く場合の繰り返し回数と回転角度の関係である。ここから、正 5 角形を書く場合の回転角度を論理的に予想する。

	正 3 角形	正 4 角形	正 5 角形
繰り返し回数	3	4	5
回転角度	120	90	?

-30　　　　　-30?

（表 0.1）繰り返し回数と回転角度の関係

▎二分探索（バイナリサーチ）で調べる方法

　上の表から角数が増えると回転角度は「-30°」ずつ下がると予想し、正 5 角形の回転角度を 60°で描いてみる。結果は 5 角形にならない。そこで以下の手順で調べる。

①60°より大きいと予想し、80°で試す。
②80°より小さいと予想し、70°で試す。
③70°より大きいと予想し、75°で試す。
④75°より小さいと予想し、72°で試す。正 5 角形が描けた。

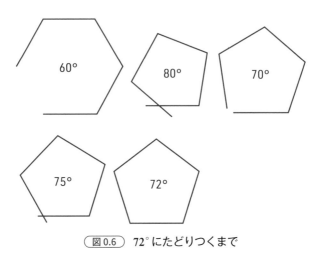

図 0.6 72°にたどりつくまで

　これは、以下のように調べる範囲を半分に分け、目的の値が上か下かで、さらに半分に分けて調べるという二分探索法（バイナリサーチ）である。

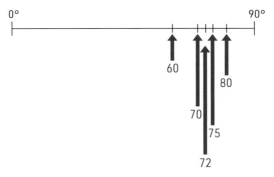

図 0.7 二分探索法（バイナリサーチ）

▌回転角度を数式で求める方法

　3角形の場合、繰り返す回数は「3」、回転する角度は「120」で、3 × 120 = 360。4角形の場合、繰り返す回数は「4」、回転する角度は「90」で、4 × 90 = 360。5角形の場合、繰り返す回数は「5」、回転する角度は「72」で、5 × 72 = 360。つまり「繰り返す回数」×「回転する角度」はいつも 360（定数）になる。したがって、6角形の回転する角度は「360 ÷ 6 = 60」と式で求めることができる。

	正3角形	正4角形	正5角形	正6角形
繰り返し回数	3	4	5	6
回転角度	120	90	72	?
隠された定数	360	360	360	360

注 隠された定数は多角形の数字に依存しない定数

(表0.2) 正多角形の角数と回転角度の関係

■ n角形を描く問題に一般化する

3角形、4角形、5角形など個々の多角形を書く問題を一般化して「n角形」を書くという問題に置き換える。プログラム的には変数nを使ってn角形を書くということになる。

繰り返す回数は「3」⇒「n」、回転する角度は「360/3」⇒「360/n」となる。つまり「n」が「3」なら3角形、「n」が「4」なら4角形、「n」が「5」なら5角形が書ける。

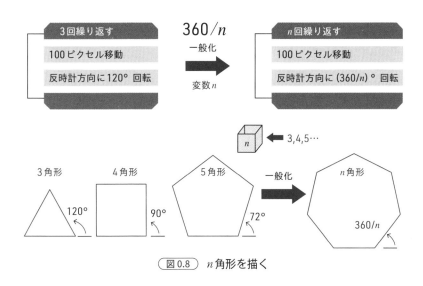

(図0.8) n角形を描く

0-4 プログラミング的思考の応用

■ 再帰的な構造

人間が考える通常の論理的思考とプログラミング的思考が異なる場合がある。その典型例が再帰である。

再帰的（recursive：リカーシブ）な構造とは、自分自身（n次）を定義するのに、自分自身より1次低い部分集合（$n-1$次）を用い、さらにその部分集合は、より低次の部分集合を用いて定義するということを繰り返す構造である。このような構造を一般に再帰（recursion）と呼んでいる。

■ ハノイの塔

ハノイの塔は再帰の典型的な例である。ハノイの塔とは以下のようなパズルである。

「3本の棒a、b、cがある。棒aに、中央に穴の空いたn枚の円盤が大きい順に積まれている。これを1枚ずつ移動させて棒bに移す。ただし、移動の途中で円盤の大小が逆に積まれてはならない。また、棒cは作業用に使用するものとする。」

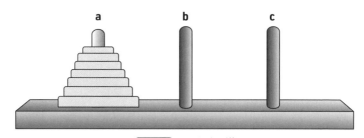

(図 0.9) ハノイの塔

この問題は、以下のような再帰的手法を用いることで明快に解くことができる。

n枚の円盤をa→bに移す作業は、次のような作業に分解できる。①と③の作業が再帰的な作業（再帰呼び出し）となる。

①aの$n-1$枚の円盤をa→cに移す（再帰呼び出し）
②n枚目の円盤をa→bに移す

③cのn-1枚の円盤をc→bに移す（再帰呼び出し）

円盤のa→bの移動は次のように表現できる。

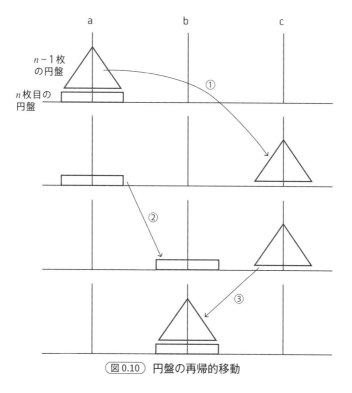

（図0.10）円盤の再帰的移動

0-5 | データサイエンスと アルゴリズム

■ アルゴリズムとライブラリ

データサイエンスとは、インターネットに蓄積されるビックデータをAIを使って分析し活用する学問分野である。新しい学習指導要領では、小学校、中学校、高校を通して「データの分析」や「データの活用」を行うデータサイエンス教育の必要性が示されている。

データサイエンスを扱うアルゴリズムは高度で複雑である。こうしたものを個人レベルで作ることは難しいので、既存のライブラリを使う。Pythonはこうしたライブラリが豊富である。

- Matplotlib
  Matplotlibは、Pythonのグラフ描画のためのライブラリである。折れ線グラフ、棒グラフや立体図形などをデータを与えるだけで描くことができる。

- NumPy
  NumPy（Numerical Python）は、Pythonで数値計算を効率的に行うためのライブラリである。forループなどを使わずに三角関数などの計算を行うことができる。

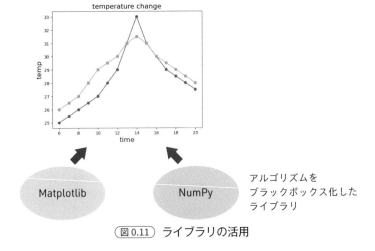

アルゴリズムを
ブラックボックス化した
ライブラリ

(図0.11) ライブラリの活用

0-6 | プログラミングとPython

■ さまざまなプログラミング言語

正3角形〜正12角形までを連続して描くプログラミング的思考をフローチャートで表すと以下のようになる。

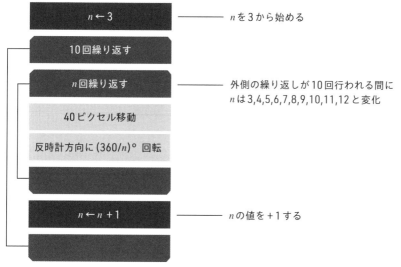

$n \leftarrow 3$	—— nを3から始める
10回繰り返す	
n回繰り返す	—— 外側の繰り返しが10回行われる間に nは3,4,5,6,7,8,9,10,11,12と変化
40ピクセル移動	
反時計方向に $(360/n)°$ 回転	
$n \leftarrow n+1$	—— nの値を+1する

（図 0.12） 正3角形〜正12角形までを連続して描くフローチャート

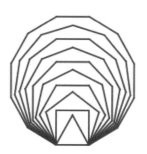

（図 0.13） 連続して描かれた正3角形〜正12角形

このフローチャートを実際のプログラミング言語（Scratch、JavaScript、Python）を使って書く。Scratchはコードブロックを使っていて視覚的に分りやすい。JavaScriptとPythonはコードの記述となる。

タートルグラフィックス処理はScratchでは標準で付いているが、JavaScriptではturtle.jsライブラリ、PythonではColabTurtleライブラリが必要となる（Google Colaboratoryを使用している場合）。

JavaScriptはHTML内に記述するため本来の命令（多角形を描く）以外の処理が入り、一般的にPythonよりコードが長くなる。

▌ Scratch

（図0.14）Scratchのコードブロック

▌ JavaScript

```
<!DOCTYPE html>
<html>
<body>
<canvas id="canvas" width="480" height="360"></canvas>
<script type="text/javascript" src="turtle.js"></script>
<script type="text/javascript">
    setpoint(-20, -160);
    setangle(0);
```

```
    for (let n = 3; n <= 12; n++) {
        for (let i = 1; i <= n; i++) {
            move(40);
            turn(360.0 / n);
        }
    }
</script>
</body>
</html>
```

注 turtle.jsは自作しなければならない。

Python

```
!pip3 install ColabTurtle
from ColabTurtle.Turtle import *

initializeTurtle(initial_window_size=(480, 360))

speed(8)  # スピード
width(2)  # ペンの幅
penup()
goto(150, 300)
face(0)
pendown()
for n in range(3, 13):
    for i in range(1, n + 1):
        forward(40)
        left(360 / n)
hideturtle() # 亀を消す
```

ロジックツリー

　論理的思考を実現する方法の1つにロジックツリーがある。ロジックツリーは、問題をツリー状に分解し、その原因や解決策を論理的に探すための方法である。**図 0.15**の例は、「プログラミング学習」をするために適しているプログラム言語を調べるものである。

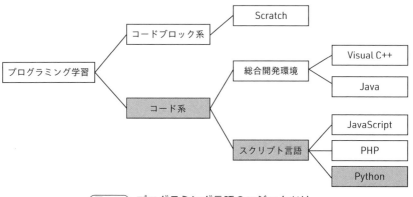

（図 0.15） プログラミング言語のロジックツリー

　小・中学生がプログラミング学習をするには、視覚的に分りやすいコードブロック系のScratchが適している。高校生、専門学校生、大学生がプログラミング学習をするには、汎用性が高いコード系で、比較的かんたんにプログラムが作れるスクリプト系言語が適している。スクリプト系言語にはJavaScript、PHP、Pythonなどがあるが、ライブラリが豊富で比較的コードも短くなるPythonが適している。

Chapter

1

Python文法の
基本

　プログラミングの初心者にとってその言語の文法を細かく説明していると、プログラミングの楽しさが薄れモチベーションが下がるものである。かといって文法の説明をせずに、面白そうなプログラムを中心に進んでは、真の理解にはならない。どのようなプログラミング言語の入門書を書く場合でも、文法の説明と興味を引くプログラムをどのように組み合わせて解説するかが良い入門書かどうかのカギとなる。

　この章ではPython文法を平易なものから少し高度なものまでを、その骨格だけを説明し、枝葉の内容は避ける。

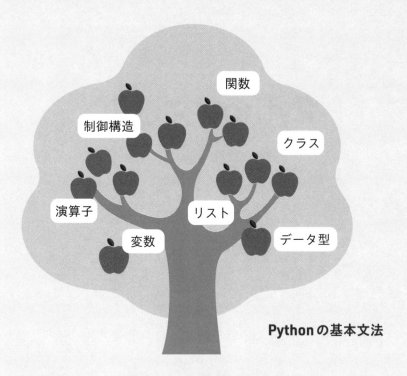

Pythonの基本文法

　テクニック的な内容は**第2章　Pythonの書法・技法**で解説する。細かい文法は**付録のPython文法**に任せ、必要に応じて参照すればよい。このように、Python文法を一巡りしながら、できるだけ短いプログラムで興味を引く内容を例題として説明した。例題に関連した練習問題を解くことで、さらに理解が深まる。解答は巻末に示した。

1-1 | Pythonとは

1960年頃から始まったプログラミング言語の世界ではいろいろな言語が登場してきた。長老はC、実力者はJavaといったところである。そんな中でPythonの立ち位置はどうか。

Pythonの説明をする前に、プログラミング言語の系譜を説明してから、Pythonの位置づけと特徴について説明する。

■ プログラミング言語の系譜

　プログラミング言語のルーツはFORTRAN、ALGOL、COBOL、Lispと考えられる。FORTRANは科学技術計算用、COBOLは事務処理用、ALGOLはプログラム・アルゴリズム用、Lispはリスト処理および人工知能用である。現在の言語はこれらの4大言語から派生している。

　1970年代に、構造化プログラミングを意識したPascalやCが登場する。Cはその後のプログラミング言語の元になっている。1980年代に、オブジェクト指向言語であるC++が登場し、JavaやObjective-Cに引き継がれる。1990年代には、Visual BasicやVisual C++のような統合開発環境を組み込んだコンポーネント指向言語が登場する。同じ時期にこうした重量級のC++やJavaのような本格的なプログラミング言語の流れに反し、軽量級のスクリプト言語としてPython、JavaScript、PHPが登場する。

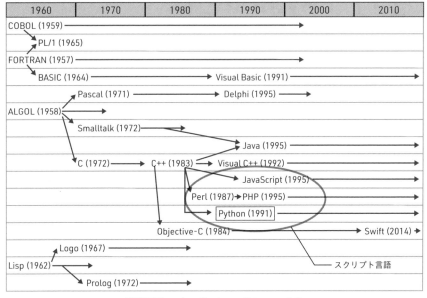

（図1.1） プログラミング言語の系譜

■ スクリプト言語とは

　1990年代に入って、Python、JavaScript、PHPなどのスクリプト言語が開発された。スクリプト言語は厳密な定義はないが、Visual C++やJavaのような重厚な環境でなく、かんたんな環境で、かんたんに書ける、かんたんに実行できるというコンセプトで作られた言語の総称である。JavaScriptやPHPはHTMLの中に埋め込んで使用する。スクリプト言語はたいがいインタープリタ方式で実行される。これはマシンの性能が向上したため、インタープリタ方式でも処理スピードに問題がなくなったためである。インタープリタ方式はコンパイラ方式に比べデバッグしやすく効率的にプログラミングが行える。スクリプト言語の特徴の1つとして、データ型に厳格でなく、変数や関数の型宣言が必要ないということも挙げられる。

■ Pythonとは

　Python（パイソン）は1991年にオランダのグイド・ヴァンロッサム（Guido van Rossum）により開発された。他のスクリプト言語と同様C++の流れを汲みながら、それを簡略化した言語仕様になっている。さらに、Pythonの言語仕様はよりシン

プルさを目指し、予約語の数は少なく、do while や switch（ver 3.10 で導入された）などの制御構造も外した。その代わり、リストや辞書などの機能を拡充している。

　Python の言語仕様は小さいが、ライブラリを活用することで様々な処理が可能になるということが大きな特徴である。Python は、科学計算分野のライブラリが豊富で、機械学習・AI 開発に使用されている。YouTube、Instagram、Dropbox といった Web サービスでも Python が使われている。

　Python は C 系言語の流れを汲むので、言語仕様はそれに近いものがあるが、以下のような相違がある。

- 見た目で大きく違うのは制御構造の中のブロックは {} で囲まず、インデント（字下げ）で行う。
- データ型に厳格でなく、変数や関数の型宣言が必要ない。
- 制御構造は C 系言語と同じであるが、do while 文、switch case 文（ver 3.10 で導入された）がない。また for in 文は C 系言語の for 文とは機能が異なる。
- 静的な配列の代わりに動的なリストを使用する。リスト操作用のメソッドによりリスト処理がかんたんに行える。
- オブジェクト指向の要素を取り入れているが、C++ のような複雑さがなくシンプルである。
- タプル、辞書、集合などの特殊な型をサポートする。
- 言語仕様は小さいが、import 文により各種ライブラリをかんたんに使用できる。

　Python は C 系言語の流れを汲む簡便な言語なので、初心者がプログラミング言語を学ぶのに Python は最適である。

　国家試験の基本情報技術者試験では、これまでは「C」、「COBOL」、「Java」、「アセンブラ言語」、「表計算ソフト」があった。それが AI 人材育成のニーズに合わせ、2020 年の春期試験から「COBOL」を廃止して「Python」が採用されたことも、Python を学ぶ追い風になっている。

参 考 ｜ Python の名前の由来

　Python という名前は BBC のショー番組、"モンティパイソンの空飛ぶサーカス（Monty Python's Flying Circus）"から取ったものだそうだ。

1-2 | Pythonの実行環境

昔は日本に生まれれば、そこでしか住むことはなかった。現在のようなグローバル化社会では、日本以外に住む場所はある。プログラミングの世界も同様で、それを使える環境は複数ある。

■ 一番オーソドックスな実行環境

以下のPythonの公式サイトからPythonインタープリタをインストールする。

https://www.python.org/

テキストエディタを使ってソースファイル（たとえばtest.py）を作成し、コマンドラインから実行する。

```
>python test.py
```

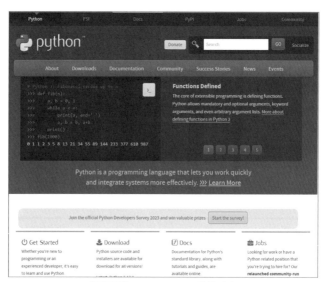

（図1.2） Pythonの公式サイト

■ Colab（Google Colaboratory）を利用した実行環境

Colab（Google Colaboratory）は、Web ブラウザーから Python を実行できる無償のサービスである。以下のサイトにアクセスし、Google アカウントでログインするだけでかんたんに Python の実行環境を利用できる。

https://colab.research.google.com/

本書では、Colab の利用を前提として解説している。

▌ Colab の画面構成

プログラム領域にプログラムを入力して実行ボタンをクリックすると、プログラムが実行される。実行結果はプログラム領域の下（コンソール）に表示される。

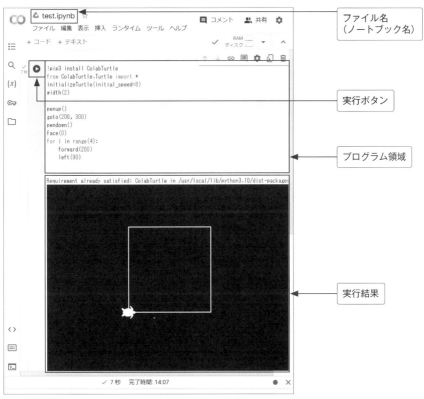

（図1.3） 画面構成

▌ ノートブックの作成

Colabではノートブックと呼ばれる形式でプログラムや実行結果を記録する。拡張子は「ipynb」。起動時に表示されるウィンドウで［ノートブックを新規作成］をクリックするか、［ファイル］→［ノートブックを新規作成］で新しいノートブックが作成される。

（図1.4）　ノートブックの作成

▌ ノートブックの保存先

ノートブックはGoogleドライブの「Colab Notebooks」フォルダーに保存される。フォルダーを指定してノートブックを保存することはできないが、Googleドライブ上でサブフォルダーを作成し、「Colab Notebooks」フォルダーに作成されたノートブックを各フォルダーに分類して移しておけば、［ファイル］→［ドライブで探す］で読み込むことができる。

（図1.5）　ノートブック保存先

■ ノートブックの操作

[ファイル]をクリックすると、ノートブックを「新規作成」、「開く」、「ドライブで探す」、「名前の変更」、「保存」するためのメニューが表示される。なお、ノートブックは「保存」で明示的に保存しなくても自動で保存される。

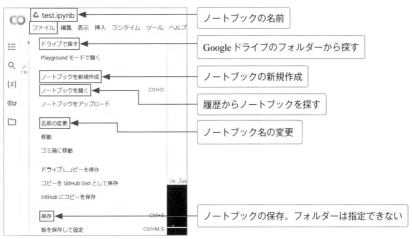

（図1.6）ノートブック操作

■ タブ位置

本書ではタブ位置を4文字で設定したが、Colabのデフォルト設定は2文字となっているので、以下のようにして変更する。

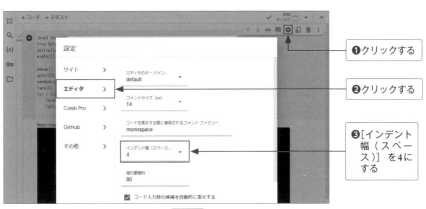

（図1.7）タブ位置

▌プログラムの強制終了

　プログラムの実行を強制終了するには、停止ボタンをクリックする。なお、一定時間パソコンの操作をしないとセッションが切れ、そこからさらに90分経つと実行していたデータがリセットされる。

（図1.8）プログラムの強制終了

🗒 本書では2024年3月時点でのGoogle Colaboratory の画面と操作方法を掲載している。Webサービスのため、将来的に画面や操作方法、サービス内容が変わることもあるので注意。

1-3 | Pythonの基本文法

日本語の文法は大きくは「品詞」と「構造」に分かれる。品詞には名詞、動詞、形容詞などがある。構造には主語、述語、修飾語などがある。「吾輩は猫である」は、「吾輩は」が主語、「猫である」が述語となる。Pythonで品詞にあたるものが、予約語、演算子、関数名、変数名などである。構造にあたるものが、forやifなどを用いた流れ制御構造である。

■ Pythonプログラムを構成するもの

以下はPythonでプログラムを記述した例である。

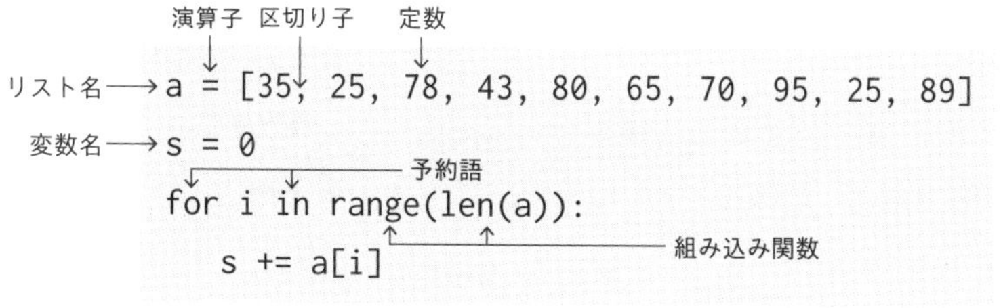

```
              演算子 区切り子    定数
                 ↓   ↓        ↓
リスト名 ──→ a = [35, 25, 78, 43, 80, 65, 70, 95, 25, 89]
変数名 ──→ s = 0
                          ┌──────予約語
         for i in range(len(a)):
                     ↑        └──── 組み込み関数
             s += a[i]
```

(図1.9) Pythonのプログラム記述例

Pythonプログラムは、予約語、演算子、区切り子、関数、変数、定数などで構成される。これらを組み合わせてプログラムを記述していく。

Pythonの要素（単語）を分類すると**表1.1**のようになる。予約語、演算子、区切り子、組み込み関数はPythonがあらかじめ定めたものである。これに対し、変数名、リスト名はユーザが自分で定義するものである。

予約語		for if def import
演算子		+ - * / = += [] ()
区切り子		, ; ' " # ¥
関数名	組み込み関数	print format
	ライブラリ関数	sin randint
	ユーザ定義関数	polygon
変数名、リスト名、クラス名		i j age Person
定数		10 3.14 'apple'

（表1.1）**Python**の要素

■ 文を作る

たとえば「s」という変数名、「=」という演算子、「0」という定数を使った「s =
0」を代入文と呼ぶ。これは「変数sに定数0を代入する」という意味になる。

予約語のforとin、変数のi、定数の5、組み込み関数rangeを組み合わせてfor
文ができる。forやifなどのブロックを伴う制御文の行末に「:」を置く。

```
s = 0 ─────────────── 代入文
for i in range(5): ──────── for文
```

（図1.10）文の作成

1-4 │ print関数とf文字列

コンピュータがいくらよい仕事をしても、結果がわれわれに分らなければ、役に立たないただの箱である。コンピュータが計算などいろいろな処理をした結果は通常ディスプレイやプリンタに表示する。Colabでは「コンソール」という領域に結果が表示される。

■ コンソールへの表示（print関数）

どのようなプログラミング言語でも最初に確認することは、コンソールに何らかの文字を表示することである。Pythonではprintという命令（正式には関数と呼ぶ）を使ってコンソールに表示する。「Hello Python!」という文字を表示するには以下のようにする。表示する内容が文字列の場合は「'」で囲む。

（図1.11）コンソールへの表示

参 考 │ コンソール

コンソールとは、人間がコンピュータとデータの入出力を行うための操作画面のことである。

例 題 1-4-1 顔文字（フェイスマーク）を表示する。

実行結果

```
print('(^_^)')
print('(-.-)')
```

```
(^_^)
(-.-)
```

> 練習問題 **1-4-1** 松尾芭蕉の俳句「夏草や　兵どもが　夢のあと」を縦書き
> で表示しなさい。

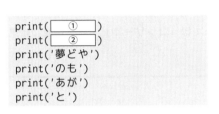

```
print(    ①    )
print(    ②    )
print('夢どや')
print('のも')
print('あが')
print('と')
```

実行結果
```
　　夏
　兵草
夢どや
のも
あが
と
```

■ f文字列

　複数の変数や文字をきれいに表示するにはf文字列を使う。f文字列は文字列を
示す「'～'」の前に「f」を接頭する。f文字列中の{}の中に、表示するデータを
指定する。たとえば変数sの内容を「合計=125」のように表示するには以下のよう
にする。

```
s = 125
print(f'合計={s}')

合計=125
```
(図1.12)　f文字列

> 例題 **1-4-2** aとbの加算結果を「tasu=30」のように表示する。

実行結果
```
tasu=30
```

```
a = 20
b = 10
print(f'tasu={a + b}')
```

練習問題 **1-4-2** aとbの加算結果を「20+10=30」のように表示しなさい。

```
a = 20
b = 10
print(f'{  ①  }+{  ②  }={  ③  }')
```

実行結果
```
20+10=30
```

■ 桁揃え

f文字列の{}の中にデータ型と桁数を指定して細かな書式制御をすることができる。整数型には「:d」、実数型（浮動小数点型）には「:f」、文字列型には「:s」を使う。桁数は「:」の後に数値で指定する。f文字列の{}は中に「:d」や「:f」などを書かないと、引数のデータ型で処理される。「:d」や「:f」を指定すると、型が合っていないとエラーとなる。本書では桁揃えなどの書式制御を行わない場合でも「:d」や「:s」を指定しているが、煩雑であれば省略しても良い。

• 整数4桁で揃える

```
print('123456789')
print(f'{1:4d}{10:4d}')
```

実行結果
```
123456789
   1  10
```

• 全体で5桁、小数部1桁で桁揃えする。小数点以下2桁目は四捨五入される。

```
print('123456789')
print(f'{1.55:5.1f}')
```

実行結果
```
123456789
  1.6
```

参考 | データ型

我々人間は、5も5.0も同じようなものとして扱っているが、プログラムの内部では5は整数型、5.0は実数型である。さらに'5'とすれば、これは文字列型となる。整数型データを「5 + 5」とすれば「10」になるが、文字列データを「'5' + '5'」とすれば「55」となる。詳細は **1-16 データ型** を参照。

■ f 文字列と format 関数

f文字列は先頭に「f」を接頭し、{}内に指定した変数の値を文字列中に埋め込むことができる。f文字列はformat関数を簡易化したものである。f文字列はPython 3.6から導入された機能である。

実行結果

```
x, y = 3.14, 20
print(f'a={x:.3f},b={y:5d}')
```

```
a=3.140,b=   20
```

これを format 関数を使って書くと以下のようになる。

```
x, y = 3.14, 20
print('a={:.3f},b={:5d}'.format(x, y))
```

1-5 演算子

コンピュータは計算機といわれるように、計算はお手のものである。100万円を年率1%で5年の複利で預けた場合の合計金額は次の式で計算できる。

1000000×1.01^5

このくらいなら電卓の方が早い。しかし、元金、年率、年数などのデータを何通りも変えて試してみるならプログラムの方が汎用性が高い。

■ 算術演算子

加減乗除算は「+」、「-」、「*」、「/」で行う。このような計算を行うものを「算術演算子」と呼ぶ。演算子には優先順位がある。「10 + 20 * 3」は「+」より「*」の方が優先順位が高いので、「20 * 3」が先に行われる。優先順位を変えるには()を使い、「(10 + 20) * 3」のようにする。

Pythonの算術演算子には以下のものがある。優先順位は数字が小さいほど優先順位が高いことを意味する。優先順位が同じものは左から右へ演算が行われる。

	意味	優先順位
-、+	負符号、正符号。-10	2
+	加算。1 + 2	4
-	減算。20 - 10	4
*	乗算。5 * 3	3
/	除算。3 / 2 ⇒ 1.5	3
//	整数除算。3 // 2 ⇒ 1	3
%	余り。10 % 3 ⇒ 1	3
**	べき乗。2 ** 3 ⇒ 8	1

(表1.2) Pythonの算術演算子

注 優先順位の値は算術演算子の中でのものである。詳細は**付録の3.1 演算子の種類と優先順位**参照。

注 演算子には、算術演算子のほかに関係演算子や論理演算子などがある。

注 +や*は算術演算以外にも使われる。+は文字列やリストの連結に使われる。*は反復、引数リストのアンパック、可変長引数、キーワード引数のアンパックにも使われる。

例　題　**1-5**　加減乗除算と剰余を計算して表示する。

実行結果

```
print(20 + 10)
print(20 - 10)
print(20 * 10)
print(20 / 10)
print(10 % 3)
```

```
30
10
200
2.0
1
```

練習問題　**1-5**　元本100万円を年率1%で5年預けた場合の複利での金額を求めなさい。

実行結果

```
print(1000000 * [    ①    ])
```

```
1051010.0501
```

注　内部誤差については **2-3　言語仕様上の注意点** の **誤差**（105ページ）参照。

1-6 変数と代入

プログラムを作る上で重要な考えとして「変数」がある。変数は「変な数」ではなく、プログラムの実行に伴いその内容が変わるという意味合いである。

■ 値の代入

データを格納する器を変数と呼ぶ。変数には英数字の名前を付ける。これを変数名と呼ぶ。多くのコンピュータ言語では変数を使用する前に変数の型宣言を行うが、Pythonでは変数の宣言を行わずに使用し、代入を行ったときに定義される。変数に型はなく、どのような型のデータも格納できる。

変数に値を格納することを代入と呼ぶ。「=」演算子を使って変数に値を代入する。

```
a = 20
```

これで、変数aに20という値が格納される。

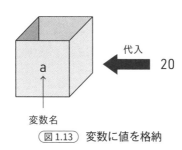

(図1.13) 変数に値を格納

■ 変数名の命名規則

変数名には英字（大小）と数字と「_」が使用できる。ただし次のような制約がある。

- 先頭に数字は使えない。
- 英字の大小は区別される。
- ifやforなどの予約語は使用できないが、それらを含むものは良い。たとえばforceなどは使える。

53

- 組み込み関数の名前を変数として使用してもエラーにはならないが、名前の衝突を起こすので、使わないようにした方が安全である。

一般の言語ではsum、max、min、listなどの変数名をよく使う。Pythonではこれらは組み込み関数としてあるので、変数として使う場合は、たとえばsumならsums、sum_valueとするか、同様な意味の別の単語のtotalなどにする。Pythonは識別子にスネークケースを使う例が多いのでsum_valueが妥当かもしれないが、初心者が長い変数名を使うとタイピング量が増え煩雑になるので、本書の短いプログラムでは「sum」は単に「s」とした。

例題1-5のプログラムを変数を使うと以下のようになる。

```
a = 20
b = 10
print(a + b)
print(a - b)
print(a * b)
print(a / b)
```

実行結果

```
30
10
200
2.0
```

変数を使うことによりプログラムが汎用的になる。たとえばデータが200と100になった場合、**例題1-5**のプログラムでは、

```
print(200 + 100)
print(200 - 100)
print(200 * 100)
print(200 / 100)
```

と変えなければいけないが、変数を使えば

```
a = 200
b = 100
```

と変数の値を変えるだけで、print関数の内容を変更する必要がない。

例 題 **1-6** りんごの単価が255円（税抜き）で5個買ったとき、消費税率
10%で合計金額を求める。

実行結果

合計= 1402.5

```
tax = 10
apple = 255
n = 5
total = apple * n * (1.0 + tax/100)
print('合計=', total)
```

練習問題 **1-6** 半径がrに与えられたとき円の円周と面積を計算しなさい。

実行結果

円周= 62.800000000000004
面積= 314.0

```
pai = 3.14
r = 10
c =  ①
s =  ②
print('円周=', c)
print('面積=', s)
```

注 内部誤差については、**2-3　言語仕様上の注意点の誤差**（105ページ）参照。内部誤差
を表示しないようにするには、f文字列を使って print(f'円周 ={c:5.2f}')のようにする。

参 考 │ 変数の宣言

C系言語では変数の型を宣言してから変数を使用する。

```
int a;
a = 10
```

Pythonでは変数の宣言は行わず、値を代入した時点で変数が定義される。

```
a = 10
```

1-7 | 変数の値の更新

「n = n + 1」を数学の等式と考えれば「0=1」となり、意味不明である。プログラミングでは「=」は等号ではなく、値の代入を意味している。「=」を挟んで左辺と右辺に同じ変数がある場合は変数の値の更新が行われる。

■ 代入演算子

変数nに対して

```
n = 1
n = n + 1
```

を行うと、nの値は「1」から「2」に更新される。「=」を代入演算子と呼ぶ。

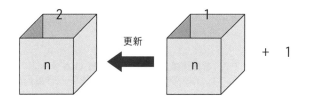

(図1.14) 変数の値の更新

■ 複合代入(累積代入)演算子

「n = n + 1」のように左辺と右辺に同じ変数がある場合は「n += 1」と書くことができる。この「+=」を複合代入演算子と呼ぶ。「+」以外にもすべての算術演算子とビット演算子が指定できる(-=、*=、/=など)。本書では変数の更新は、「+=」のような複合代入演算子を用いて行う。

(図1.15) 複合代入演算子

1

Python文法の基本

「1+2+3+・・・+99+100」の合計を求める。

実行結果

合計=5050

```
s = 0
for n in range(1, 101):
    s += n
print(f'合計={s:d}')
```

練習問題　1-7 2^n を求めなさい。

実行結果

2^4=16

```
n = 4
p = 1
for i in range(n):
    ┌─────────┐
    │   ①     │
    └─────────┘
print(f'2^{n:d}={p:d}')
```

1-8 | input関数

住所録を作るなら、名前や住所といったデータを入力しなければならないし、預金の元利合計を求めるには、金額、利率、年数などのデータを入力しなければならない。コンピュータにいろいろな仕事をさせるためには、こちらからデータを与えなければならない。

■ input関数

コンソール入力はinput関数で行う。

```
a = input('文字を入力してください')
print(a)
```

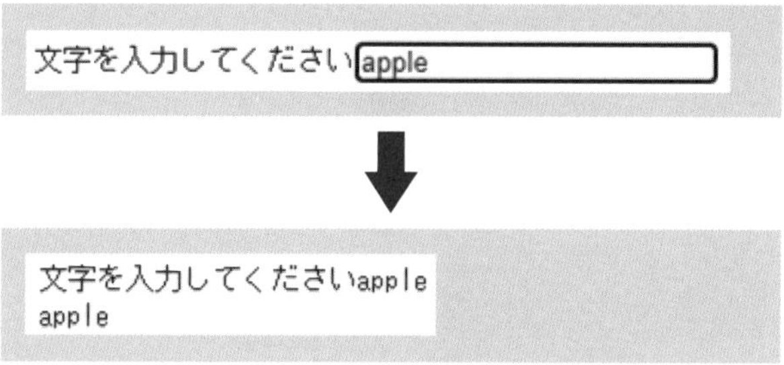

(図1.16) input関数によるコンソール入力

練習問題 **1-8** 名前と年齢を入力し、入力データを表示しなさい。

```
name = input('名前を入力してください')
age = input('年齢を入力してください')
print(f'あなたの名前は{    ①    }で{    ②    }才')
```

実行結果

```
名前を入力してください凛歩
年齢を入力してください13
あなたの名前は凛歩で13才
```

1

■ 文字列→数値変換

input関数で得られるデータは文字列である。したがって、以下のように数値の計算をするつもりでも、文字列の「10」と文字列の「20」を「+」すると文字列の連結が行われて「1020」となる。

実行結果

```
a = input('aの値')
b = input('bの値')
print(a + b)
```

```
aの値10
bの値20
1020
```

数値文字列を数値に変換するには以下の関数を使う。

- 整数に変換　　　　→ int関数
- 浮動小数点数に変換 → float関数

実行結果

```
a = int(input('aの値'))
b = int(input('bの値'))
print(a + b)
```

```
aの値10
bの値20
30
```

1-9 for in文

昔の愛の告白といえば。公園か校舎の裏あたりと相場は決まっていたものだが、時代とともに愛の告白の形態も変わる。いまは相手の顔を見ずにメールやSNSで送信なんてお手軽な方法が横行してる。これなら断られてもさほど傷つかずに済むから気弱な草食男子には最適な方法かもしれない。そんなあなたにはPythonで愛の告白をプログラムに載せて送ってみたらどうだろう。

　「I love you」と100回表示するのに

print('I love you')

print('I love you')

print('I love you')

…

などと100回書いたのでは大変である。

コンピュータの最も得意な仕事は同じことの繰り返しである。Pythonの繰り返しはfor in文で行う。ただ、for in文を使うより、100回print関数で書いた方が彼女の気持ちをつかめるかもしれないが。

■ for in文

　Pythonのfor in文はC系言語のfor文とは異なり、リスト要素を取り出す目的で作られたものである。ただし、rangeと組み合わせることでC系言語のfor文と同等の働きをすることができる。rangeの範囲に実数型は使用できないのが、数値計算などを行う場合に不便である。また、繰り返しはrangeで指定した最終値ではなく、「最終値-1」であることに注意が必要である。

　「Hello Python!」を5回表示するには**図1.17**のようにする。

1

ループを管理する変数（ループ変数）

繰り返し回数

```
for i in range(5):————最後に：を置く
    print('Hello Python!')
```

インデント（字下げ）

```
Hello Python!
Hello Python!
Hello Python!
Hello Python!
Hello Python!
```

(図1.17) for in 文の書き方

　繰り返す文はインデント（字下げ）を行う。インデント幅は通常4文字にする。for in文で繰り返しを管理する変数をループ変数と呼ぶ。上の例では、変数iの値は、5回の繰り返しの間に「0、1、2、3、4」と変化する。

■ 流れ制御文とインデント

　Pythonの流れ制御文としてfor in、while、if else、elif、break、continueがある。for in以外はC系言語と同等である。Pythonにはdo while文やswitch case文（ver 3.10で導入された）はない。

　Pythonでのブロックを伴う流れ制御文の書き方は以下のようである。

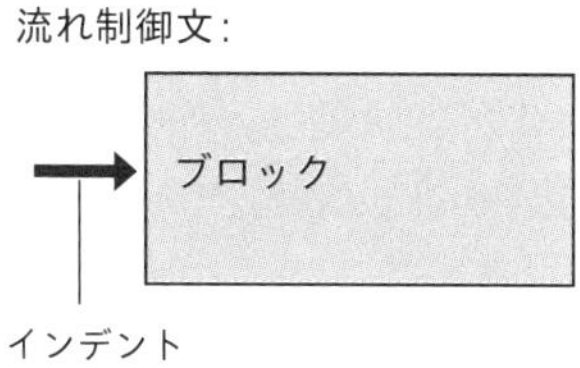

流れ制御文：

ブロック

インデント

(図1.18) ブロックを伴う流れ制御文

　流れ制御文の終わりに「:」を置き、次の行から繰り返しブロックやifブロックを置く。C系言語ではブロックを{と}で囲んで表したが、Pythonでは同じ数の空白でインデントされたまとまりを1つのブロックと認識する。

　for in文の例を以下に示す。

- for i in range(10):
  iは0～9まで繰り返す

- for i in range(1, 10):

  iは1〜9まで繰り返す

- for i in range(1, 10, 2):

  iは1、3、5、7、9と繰り返す

練習問題 **1-9** 100回「I love you」を表示しなさい。その際、「1回目」「2回目」のように回数を表示しなさい。

実行結果

```
for i in range(1,101):
    print(f'{  ①  }回目のI love you')
```

```
1回目のI love you
2回目のI love you
3回目のI love you
  …
98回目のI love you
99回目のI love you
100回目のI love you
```

注　Pythonのfor in文はリスト（**1-14**で説明）などの内容を取り出す目的で作られている。

person = ['Alice', 'Bob', 'Lisa']

というリストの内容を取り出す場合、C系言語流で書けば以下のようになる。

for i in range(len(person)):
　print(person[i])

これをPython流で書くと以下のようになる。

for p in person:
　print(p)

for in文については**付録の6.3.1　for in文**参照。

注　for文で使うループ変数にはi、jなどを使う慣習がある。これはFORTRANなどの古いプログラミング言語では、ループ変数は整数型（INTEGER）である必要があり、INTEGERの先頭2文字の「I」〜「N」の範囲のI、J、K、L、M、Nをよく使用していたことによる伝統的慣習である。ただし、現代のプログラミング言語では、ループ変数の名前にはより意味のある名前を使用することが推奨されている。

1-10 二重ループ

小学生の頃は苦労して九九を暗記したものである。いんいちがいち、いんにがに…くくはちじゅういち。これは1つの段で9回の繰り返しを、1の段から9の段まで繰り返している二重のループ構造なのである。

■ 二重ループ

forの中にforがある構造を二重ループと呼ぶ。二重ループでは内側のループの変数が先に変化していく。以下の例では外側のiが1の状態で、内側のjが1、2と繰り返し、次にiが2となり、内側のjが1、2と繰り返す。これをiが3になるまで繰り返す。

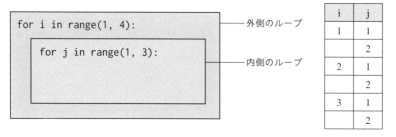

```
for i in range(1, 4):          ──── 外側のループ

    for j in range(1, 3):      ──── 内側のループ

```

i	j
1	1
	2
2	1
	2
3	1
	2

(図 1.19) 二重ループ

二重ループのループ変数の値の変化を表示するには以下のようにする。

```
for i in range(1, 4):
    for j in range(1, 3):
        print(f'{i:d},{j:d}')
```

実行結果
```
1,1
1,2
2,1
2,2
3,1
3,2
```

■ printで改行をしない方法

　Pythonのprint関数は表示した後に改行する。print関数にend引数を指定すると、改行を行わないようにすることができる。

例 題 1-10　3行10列の「*」の四角を表示する。

実行結果

```
for i in range(3):
    for j in range(10):
        print('*', end='')
    print()
```

```
**********
**********
**********
```

参 考 ｜ end引数を使わない方法

　end引数を使えない処理系もあるので、この場合は以下のようにresultに結果を格納して表示するようにする。

```
for i in range(3):
    result = ''
    for j in range(10):
        result += '*'
    print(result)
```

練習問題 1-10-1　九九の表を表示しなさい。

```
for i in range(1, 10):
    for j in range(1, 10):
        print(f'{   ①   }',end='')
    print()
```

実行結果

1	2	3	4	5	6	7	8	9
2	4	6	8	10	12	14	16	18
3	6	9	12	15	18	21	24	27
4	8	12	16	20	24	28	32	36
5	10	15	20	25	30	35	40	45

6	12	18	24	30	36	42	48	54
7	14	21	28	35	42	49	56	63
8	16	24	32	40	48	56	64	72
9	18	27	36	45	54	63	72	81

■ 内側のループ回数が外側のループ回数に依存する場合

　以下の例では外側のiが1、2、3と繰り返す間に、内側のjはiの繰り返し回数を繰り返す。内側の繰り返し回数が外側のループ変数iになっているところがポイントである。

実行結果

```
print('i j')
for i in range(1,4):
    for j in range(i):
        print(i,j)
```

```
i j
1 0
2 0
2 1
3 0
3 1
3 2
```

練習問題 1-10-2 「*」の3角形を表示しなさい。

実行結果

```
for i in range(1,5):
    for j in range( ① ):
        print('*', end='')
    print()
```

```
*
**
***
****
```

1-11 | if else文

適齢期の女性が結婚を考え出したとき、相手の男性に対していろいろな条件をつけるものである。昔は高収入、高身長、高学歴の3高という言葉があった。

ある調査によれば、独身女性の役7割が自分より収入が少ない男性とは結婚したくないと考えているらしい。「愛さえあれば」なんていうロマンティック派は極めて少数なのだそうだ。

■ if else文

条件判定を行うにはif else文を使う。条件を満たせば①を、満たさなければ②を実行する。if、elseの最後に「:」を付ける

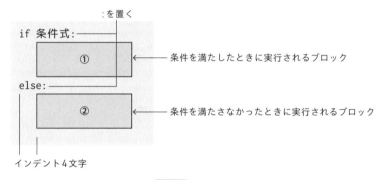

（図1.20）if else文

「条件式」には、「a > b」や「a < b」または「a == b」のような大小比較を示す式が入る。条件を満たしたときを「真」、満たさなかったときを「偽」と呼ぶ。

複数の条件を判定するには「and」や「or」などの論理演算子を使う。たとえば「a > b and b > c」や「a > b or b > c」などと書く。

■ 関係演算子と論理演算子

大小比較を行う関係演算子と複数の条件を結びつける論理演算子がある。

1

Python文法の基本

	意味
>	大なり
>=	大なりイコール
<	小なり
<=	小なりイコール
==	等しい
!=	等しくない

(表1.3) 関係演算子

	意味
and	かつ
or	または
not	否定

(表1.4) 論理演算子

条件式の例を示す。ageは年齢のデータとする。

- age < 20

  ageが20未満。

- 10 <= age and age <20

  ageが10以上でかつ20未満。つまり10代の判定。Pythonでは「10 <= age < 20」のように書くこともできる。

- age % 10 == 0

  ageが0、10、20、30…のときに真。

- age != 0

  ageが0でない。

例題 **1-11** ageに年齢のデータが格納されていたとき、未成年か成年かを判定する。なお、2022年の法改正により成年年齢は18才になった。

実行結果

成年

```
age = 19
if age < 18:
    print('未成年')
else:
    print('成年')
```

練習問題 **1-11-1** scoreに得点が格納されていたとき、60点未満を不合格、60点以上を合格で判定しなさい。

実行結果

```
score = 80
if    ①    :
    print('不合格')
else:
    print('合格')
```

合格

練習問題 **1-11-2** 年収600万円以上かつ身長175cm以上を、結婚の申し込みを受け付ける条件として判定しなさい。

実行結果

```
salary = int(input('年収?'))
height = int(input('身長?'))
if              ①              :
    print('結婚をお受けいたします')
else:
    print('残念ですがお断りします')
```

年収?600
身長?175
結婚をお受けいたします

第1章

1-12 elif文

高校3年になると進路を決めなければならない。就職か進学かは2択であるが、たとえば大学に進む場合はどんな学部にするかで選択肢が広がる。人生はこうした選択肢を何度となく選択して織りなしていくのである。

■ 多方向分岐（elif文）

if else文は2方向の分岐をするが、elif文を使えば多方向分岐を行うことができる。条件式1を満たしたときは①、条件式2を満たしたときは②、いずれも満たさなかったときは③を実行する。elifは複数指定できる。

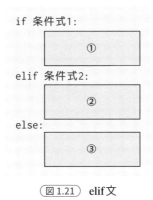

```
if 条件式1:

        ①

elif 条件式2:

        ②

else:

        ③
```

（図1.21）elif文

> 例題 1-12 得点を「優」、「合格」、「不合格」で判定する。

実行結果

優

```
score = 80
if score < 60:
    print('不合格')
elif score < 80:
    print('合格')
else:
    print('優')
```

練習問題　**1-12**　年齢を 18 歳未満、18 歳以上 60 歳未満、60 歳以上で判定しなさい。

実行結果

老人

```python
age = 61
if      ①     :
    print('未成年')
elif      ②     :
    print('成年')
else:
    print('老人')
```

第1章

1-13 | while文

高校生のお小遣いは、1ヶ月に5,000円程度が相場のようである。そこで親から1ヶ月のお小遣いをもらう方法を次のように提案したとする。「1日目に1円もらい、2日目は倍の2円、3日目はさらに倍の4円、4日目はさらに倍の8円…ともらっていく」。この方式では1週間後はたった127円である。さて1ヶ月（30日）ではいくらになるか？

■ while文

forは繰り返し回数が決まった繰り返しだが、whileは繰り返し回数は不定である。条件式を満たしている間、①を繰り返す。

```
while 条件式:
    ①
```

（図1.22） while文

例題 1-13 sを合計金額、moneyをその日にもらう金額、dayを日とする。合計金額が100万円を超える日を調べる。

実行結果

20日:1048575円

```python
s = 0
money = 1
day = 0
while s < 1000000:
    s += money
    money *= 2
    day += 1
print(f'{day:d}日:{s:d}円')
```

練習問題　**1-13**　1日～30日のそれぞれの合計金額を計算しなさい。

```
s = 0
money = 1
for day in   ①   :
    s += money
    print(f'{day:d}日：{s:d}円')
    money *= 2
```

実行結果

1日：1円	16日：65535円
2日：3円	17日：131071円
3日：7円	18日：262143円
4日：15円	19日：524287円
5日：31円	20日：1048575円
6日：63円	21日：2097151円
7日：127円	22日：4194303円
8日：255円	23日：8388607円
9日：511円	24日：16777215円
10日：1023円	25日：33554431円
11日：2047円	26日：67108863円
12日：4095円	27日：134217727円
13日：8191円	28日：268435455円
14日：16383円	29日：536870911円
15日：32767円	30日：1073741823円

　結果は、30日で「10,7374,1823円」となる。約10億7千万円という高額で家計は財政破綻してしまう。一般に一人の生涯収入は約2億円程度だそうだ。

1-14 リスト

データ（data）は データム（datum）の複数形で、「論拠・基礎資料、実験や観察などによって得られた事実や科学的数値」などを意味する。そんなに大それたものではなく、テストの得点や社員の名前などがデータである。これらのデータがたくさんある場合は、変数では管理できない。そこで、リストというデータ処理の達人が登場する。

■ リストとは

変数には1つのデータしか入らないが、リストには多くのデータを格納することができる。たとえば「35、25、78、43、80、65、70、95、25、89」という10個のデータがあったとき、このデータをリストに格納しておくと便利である。0番目の要素はa[0]、1番目の要素はa[1]のように参照できる。

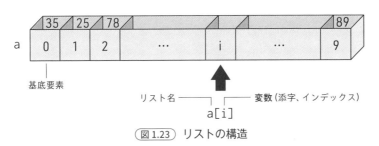

（図1.23）リストの構造

リストのデータを変数を使って取り出すことでプログラミングがしやすくなる。リストaのi番目のデータはa[i]と表す。iは変数で、iが0ならa[0]、iが1ならa[1]となる。[]の中に指定する番号を添字（そえじ）またはインデックスと呼ぶ。

- 基底要素
  リストの最初の要素を基底要素と呼び、「0」番から始まる。多くの言語で基底要素は「0」から始まる。人間の世界では序数は「1」から始めるが、プログラムの世界では「0」から始める。

- リストの特徴
  Pythonの「リスト」はC系言語での「配列」に相当する。C系言語の配列は静

的配列で、プログラム実行中に配列要素数は固定である。これに対しPython
のリストは動的配列で、プログラム実行中に要素数を変えることができるため、
挿入や削除といった操作がしやすい。

また、リスト要素は異なるデータ型であっても良い。

■ リストの初期化

リストを初期化するには、初期化データを要素ごとに「,」で区切る。

```
m = [0, 0, 0]
```

リスト要素が多い場合は、for in文で初期化する。これを内包表記という。

```
m = [0 for i in range(100) ]
```

for in文でループ変数を繰り返しブロックの中で使用しない場合はダミー変数
の「_」を使って以下のようにするのがPython流である。なお、「m = [0] * 100」
のように「*」演算子でリスト要素をコピーしてもよい。

```
m = [0 for _ in range(100) ]
```

■ リストの長さ

リストmの長さ（要素数）を調べるには、len関数を使う。

```
m = [0 for i in range(100) ]
len(m)
```

これでリストmの長さの「100」が得られる。

例題 **1-14** リストgirlに名前、リストageに年齢データが入っているとき、
未成年か成年かを判定する。

```
girl = ['凛歩', '沙織', '彩香', '優菜', '凪咲']
age = [16, 17, 20, 21, 18]
for i in range(len(girl)):
    if age[i] < 18:
        print(f'{girl[i]:s}は{age[i]:d}才で未成年')
    else:
        print(f'{girl[i]:s}は{age[i]:d}才で成年')
```

実行結果

```
凛歩は16才で未成年
沙織は17才で未成年
彩香は20才で成年
優菜は21才で成年
凪咲は18才で成年
```

練習問題 1-14 BMI（Body Mass Index）という世界標準の肥満度指数がある。身長 h「m」、体重 w「kg」としたとき BMI は以下の計算式で求められる。

$$\text{BMI} = w/h/h$$

日本肥満学会の定めた基準では 18.5 未満が「低体重（やせ）」、18.5 以上 25 未満が「普通体重」、25 以上が「肥満」に分類される。

何人かの女性の身長と体重のデータがあり、これから BMI を計算し、痩せすぎか、太りすぎかを判定しなさい。

```
girl = ['凛歩', '沙織', '彩香', '優菜', '凪咲']
w = [42, 56, 45, 61, 50]
h = [1.6, 1.65, 1.68, 1.53, 1.55]
for i in range(len(girl)):
    bmi =       ①
    if bmi < 18.5:
        judge = '低体重'
    elif bmi < 25:
        judge = '標準体重'
    else:
        judge = '肥満'
    print(f'{girl[i]:s}のBMIは{bmi:.1f}で{    ②    }')
```

実行結果

```
凛歩のBMIは16.4で低体重
沙織のBMIは20.6で標準体重
彩香のBMIは15.9で低体重
優菜のBMIは26.1で肥満
凪咲のBMIは20.8で標準体重
```

注 リスト名には girls のような複数形を使うという慣習もあるが、本書では単数形とした。

1-15 2次元リスト

数学でいう次元は、0次元が点、1次元が直線、2次元が面、3次元が立体である。日銀が始めた異次元の金融緩和とは、4次元以上の人間には理解できない次元のことか。宇宙の世界では、3次元の物理空間に1次元の時間を加えた4次元時空(ミンコフスキー時空)があるが、自分が住む世界より高い次元のことを直感的に理解することは難しい。

リストは何次元でも作ることができるが、2次元リストでたいがいのことは間に合う。

■ 2次元リスト

2次元リストは行番号(i)と列番号(j)で管理される。たとえば3行4列の2次元リストは以下のように作る。イメージとしてはExcelの表と似ている。Pythonでは括弧(()、{}、[])の中では自由に改行ができる決まりなので、リストの初期化要素を書く場合に行継続を行う「\(バックスラッシュ)」を置かずに記述できる。

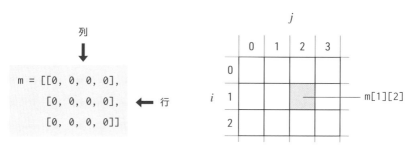

(図1.24) 2次元リスト

i行j列の要素はm[i][j]で参照できる。色付きのマス位置は、iが1、jが2の位置なのでm[1][2]で参照できる。

76

1
Python文法の基本

参考 | 行と列の方向

　横方向のかたまりを行、縦方向のかたまりを列という。しかし、行を管理する行番号は縦方向に0、1、2となり、列を管理する列番号は横方向に0、1、2、3となる。行は横方向のかたまり、列は縦方向のかたまりであるが、行番号は縦方向、列番号は横方向なので混同しないようにすること。

　行列を管理する変数にiとjをよく使うのは、数学の行列をA_{ij}のように表すことに起因している。

　forのループ変数にi、jを使う慣習があるのでm[i][j]のような表現になるが、現代のプログラミング言語では、ループ変数の名前にはより意味のある名前を使用することが推奨されているので、行をrowやrow_index、列をcolやcol_indexなどのより具体的な変数名にする場合も多い。

例題 1-15 2次元リストmの要素が「1」なら「■」を「0」なら全角の空白を表示する。

実行結果

```python
m = [[1, 0, 0, 0, 1],
     [1, 1, 0, 0, 1],
     [1, 0, 1, 0, 1],
     [1, 0, 0, 1, 1],
     [1, 0, 0, 0, 1]]

for i in range(len(m)):
    for j in range(len(m[i])):
        if m[i][j] == 1:
            print('■', end='')
        else:
            print('　', end='')
    print()
```

■ for in文を用いた2次元リストの初期化

　リスト要素を個々に指定せずに、M行N列の2次元リストを作るには次のようにする。

```
M, N = 3, 4
m = [[0] * N for i in range(M)]
print(m)
```

実行結果

```
[[0, 0, 0, 0], [0, 0, 0, 0], [0, 0, 0, 0]]
```

■ 2次元リストの長さ

2次元リストの場合はlen(b)のようにリスト名を指定すれば、行の要素数が得られる。列の要素数を調べるにはlen(b[0])のように、いずれかの行要素を指定する。

```
b = [[0, 0, 0],
     [0, 0, 0]]
print(len(b))      #  2次元リストの行要素数2
print(len(b[0]))   #  2次元リストの列要素数3
```

注 #以後の文字はコメントとみなされ、インタープリタは無視する。コメントは人間がプログラムを見た時にわかりやすくするために置く注釈である。

練習問題 1-15 2次元リストscoreに4人分の国語、数学、英語の得点が格納されている。各人の合計点を求めて表示しなさい。

```
score = [[78, 81, 90],
         [65, 70, 80],
         [81, 88, 92],
         [68, 65, 70]]

print('  国語  数学  英語  合計')
for i in range(len(score)):
    s = 0
    for j in range(len(score[i])):
        s += ①
    print(f'{score[i][0]:6d}{score[i][1]:6d}{score[i][2]:6d}{ ② :6d}')
```

実行結果

国語	数学	英語	合計
78	81	90	249
65	70	80	215
81	88	92	261
68	65	70	203

1-16 データ型

型といって思いつくのは血液型である。A型、B型、AB型、O型の4種類がある。プログラムにとっての型はデータ型である。我々人間は、5も5.0も同じようなものとして扱っているが、プログラムの内部では5は整数型、5.0は実数型である。さらに'5'とすれば、これは文字列型となる。

プログラムにとってデータの型を決めてもらった方が処理がしやすいのである。C++やJavaなどは型に厳しいが、Pythonは少し緩くして人間感覚に近づけている。

■ 整数型と実数型（浮動小数点型）

小数点のない数を整数型、小数点のある数を実数型という。実数型の内部表現に浮動小数点方式を使うため、浮動小数点型ともいう。

▌整数除算と実数除算の違い

整数型と実数型で注意しなければならないのは、整数除算と実数除算の違いである。Python 2 までは、除算演算子は「/」だけで、両辺が整数型のときだけ、整数除算となり、小数部は切り捨てられた。Python 3 では、「/」はオペランド（演算対象になる変数や定数）の型に関係なく実数除算を行う。整数除算したい場合は「//」演算子を用いる。

- Python 2 の場合

  3 / 2 ⇒ 1
  3.0 / 2 ⇒ 1.5

- Python 3 の場合

  3 / 2 ⇒ 1.5
  3.0 / 2 ⇒ 1.5
  3 // 2 ⇒ 1

■ 文字列型

文字列型は「'」または「"」で囲む。本書では「'」で囲むことにする。

■ 文字列の連結

文字列同士の連結は「+」演算子で行う。

実行結果

```
a = 'apple'
b = 'orange'
c = a + b
print(c)
```

```
appleorange
```

文字列と数値の連結はできないので、str 関数で数値文字列にしてから連結する。

実行結果

```
name = 'Ann'
age = 18
msg = name + str(age)
print(msg)
```

```
Ann18
```

■ 文字列操作

len 関数で文字列の長さを取得できる。文字列 msg の i 番目（0 スタート）は msg[i] で取得する。部分文字列は msg[1:3] のように取り出すことができる。これは、1 番目から 3 番目の直前（2 番目）までの文字列を取り出す。

実行結果

```
msg = 'abcd'
print(len(msg))
print(msg[2])
print(msg[1:3])
```

```
4
c
bc
```

■ 文字列の大小比較

文字列の大小比較は <、<=、<、<=、==、!= の演算子を用いて 'Ann' < 'Lisa' のように行う。比較は内部コード順に行われる。「数字文字」＜「英大文字」＜「英小文字」の順。つまり、次のような大小関係になる。

'0' < ⋯ < '9' < ⋯ < 'A' < 'AA' < 'AB' < 'B' < ⋯ < 'Z' < ⋯ < 'a' < ⋯ < 'z'

　日本語の比較の場合、ひらがなは文字コード順に並んでいるので、大小比較ができる。たとえば、

'あやか' < 'ききょう'

などと比較できる。

例 題　1-16 リストgirlに英字の名前が格納されている。先頭が「A」の名前を表示する。

```
girl = ['Ann', 'Lisa', 'Nancy', 'Amica']
for g in girl:
    if g[0] == 'A':
        print(g)
```

実行結果
```
Ann
Amica
```

練習問題　1-16 リストgirlにひらがなの名前が格納されている。「あ」行の名前を表示しなさい。

```
girl = ['あやせ', 'さとう', 'かさい', 'いまい']
print('あ行')
for g in girl:
    if [         ①         ]:
        print(g)
```

実行結果
```
あ行
あやせ
いまい
```

1-17 | 関数

数学は一般社会では役に立たないなどと揶揄されることがある。そんな数学の中で三角関数は測量という身近な場面で使われる。たとえば木の高さ h を測るのに、三角関数を使えば「h=a・tan(θ)」で求めることができる。

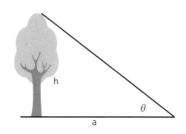

■ 組み込み関数とライブラリ関数

すでに print、input、format、len、int、float などの関数を説明した。これらは、ライブラリをインポートせずに使用できる組み込み関数である。組み込み関数でない関数を使う場合は、import文でライブラリを取り込まなければならない。

Python言語仕様

import

ライブラリ関数

組み込み関数

(図1.25) 組み込み関数とライブラリ関数

注 本書では、モジュールとパッケージを総称してライブラリと呼んでいる。

■ 数学関数（mathライブラリ）

たとえば sin、cos のような数学関数は math ライブラリにあるので、

```
import math
```

とし、各関数は先頭に「math.」を付けて

```
math.sin(0)
```

のように呼び出す。

■ ラジアン

　mathライブラリの三角関数では「°」でなく「ラジアン」という単位を使う。ラジアンとは円の半径に等しい弧に対する中心角の大きさで、円の半径と等しい長さの円弧と円の中心が作る角度は「1ラジアン」となる。半径1の単位円で考えた場合に半円の弧の長さはπになるので、180°がπラジアンに相当する。したがって、θ°をラジアンに変換するには以下のように「$\theta*\pi/180$」となる。mathライブラリでは「math.pi」でπの値を表すので、x°をラジアンに直すには「x * math.pi / 180」とする。別の方法としてradiansメソッドを使って「math.radians(x)」とすることもできる。本書では後者の方法を使用する。

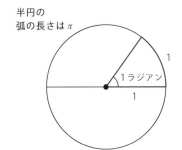

半円の
弧の長さはπ

1ラジアン
1
1

θ°をラジアンに変換する式

$$\theta \times \frac{\pi}{180}$$

math.radians(θ)でもラジアン値に変換できる

（図 1.26）ラジアン

例題　**1-17**　sinの値を0°〜90°まで10°きざみで求める。

```
import math
for x in range(0, 91, 10):
    print(f'{x:2d}°:{math.sin(math.radians(x)):f}')
```

実行結果

```
 0°:0.000000
10°:0.173648
20°:0.342020
30°:0.500000
40°:0.642788
50°:0.766044
60°:0.866025
70°:0.939693
80°:0.984808
90°:1.000000
```

練習問題 **1-17** 0°～90°の範囲で、10°きざみで、sin、cosの値を表示しなさい。

```
import math
print('      sin       cos')
for x in range(0, 91, 10):
    si = math.sin(math.radians(x))
    co = [        ①        ]
    print(f'{x:2d}°{si:10.6f}{co:10.6f}')
```

実行結果

```
      sin       cos
 0°  0.000000  1.000000
10°  0.173648  0.984808
20°  0.342020  0.939693
30°  0.500000  0.866025
40°  0.642788  0.766044
50°  0.766044  0.642788
60°  0.866025  0.500000
70°  0.939693  0.342020
80°  0.984808  0.173648
90°  1.000000  0.000000
```

1-18 ユーザー関数

「下請けに丸投げ」という言葉はあまり響きはよくないが、プログラムの世界では重要なことである。よく利用する小プログラムを関数という単位（下請け業者）にまとめておき、必要なときに呼び出して使うことができる。組み込み関数やライブラリ関数のようにPython側で提供しているものはすでに紹介した。ここでは、自分用の関数を定義する方法を説明する。

■ 関数の定義

関数はdefで定義する。関数呼び出しより先に、関数定義をしておかなければならない。

呼び出し元から関数へは、引数を使ってデータを渡す。呼び出し側の引数を「実引数（じつひきすう）」、関数定義側の引数を「仮引数（かりひきすう）」と呼ぶ。関数の戻り値はreturnで返す。以下は絶対値を求める関数myabsを定義したものである。

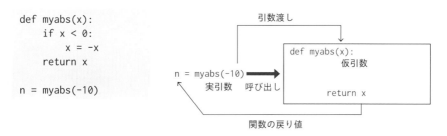

```
def myabs(x):
    if x < 0:
        x = -x
    return x

n = myabs(-10)
```

（図1.27）関数の定義と呼び出し

練習問題 1-18 2つの数値のうち、大きい方を返すmymaxを作りなさい。組み込み関数にmaxがあるので、関数名をmymaxとする。

実行結果

```
20
```

```
def mymax(a, b):
    if a > b:
        ①
    else:
        ②

print(mymax(10, 20))
```

1-19 ローカルとグローバル

大谷翔平といえば、だれもが野球選手を想像するだろう。でも、どこかで僕も大谷翔平なんだけど、という声が聞こえる。野球選手の大谷翔平は全国区（いや全世界）で有名であるが、小さな声で僕も大谷翔平だけど、と言っている人はその人が住む限られた地域でだけ知られているのである。その人の名前が通る地域は大きく分けて、地方と全国となる。

■ ローカル変数とグローバル変数

関数の中で定義された変数は、その関数に固有のローカル変数である。以下の例で、2つの関数func1とfunc2の変数aは別物である。

実行結果
```
1
2
```

```
def func1():
    a = 1 # ローカル変数
    print(a)

def func2():
    a = 2 # ローカル変数
    print(a)

func1()
func2()
```

Pythonでは、関数の外で定義された変数は原則、各関数で共通に使用できるグローバル変数となる。ただし、関数の中でそのグローバル変数に代入を行うと、ローカル変数となってしまうので、グローバル変数として使用したい場合はglobalを指定する。

```
N = 1
def func1():
    N = 10  # ローカル変数
    print(N)

def func2():
    global N  # グローバル変数
    N += 1
    print(N)

func1()
func2()
```

```
10
2
```

1-20 クラス

BASICやCの時代は「手続き指向プログラミング」と言われるもので、データとそれを操作する手続き（関数）を独立に考え、手続きの流れを主体にプログラムを組んでいく。これに対し「オブジェクト思考プログラミング」はデータとそれを操作する手続き（関数）をひとかたまりにしたオブジェクトを主体にプログラムを組んでいく。C++やJavaのオブジェクトの概念は本格的なもので、初心者には高い壁となった。Pythonはこのオブジェクトの概念を平易に表現しているため、初心者にも理解しやすい。

■ クラスの定義

クラスは、データとそれを操作する関数（メソッドと呼ぶ）を一体化したもので、オブジェクト指向言語の中核をなす概念である。classを用いてクラスを定義する。

名前（name）、年齢（age）をデータとし、そのデータを表示するdispメソッドからなるクラスPersonを定義すると以下のようになる。クラス名はキャメルケース（単語の先頭を大文字）にするのが慣習である。

```
             ┌── コンストラクタ
class Person:│      ┌── 第1引数はselfとする
    def __init__(self, name, age):
        self.name = name
        self.age = age
              └────── メンバ変数（属性）
    def disp(self): ────── メンバ関数（メソッド）
        print(f'name={self.name:s},age={self.age:d}')

a = Person('taro', 18) ── Personクラスのオブジェクトの生成
a.disp()
```

(図1.28) クラスの定義

実行結果

```
name=taro,age=18
```

- コンストラクタ

  「def __init__」という特別なメソッド（コンストラクトと呼ぶ）でデータを初期化する。第1引数は必ず「self」とする。コンストラクタに限らずクラス内で定義するメソッドの第1引数は「self」を指定する。「self」の役割はその関数を呼び出すオブジェクト自身を引数として取得することである。

- オブジェクト

  Pythonでは整数型、実数型などの基本型も含めてすべてのデータをオブジェクトと呼んでいるが、本書では、クラスから生成されたものを狭い意味でのオブジェクトと呼んでいる。

- メソッド

  クラス内で定義された関数を特にメソッドと呼ぶ。メソッドは「オブジェクト.メソッド」の形式で呼び出す。

- 属性（メンバ変数）

  「self.」で示す変数を属性といい、クラス内のどの関数からも使用できる。属性とは、そのオブジェクト内で共通に使用できる、オブジェクト内の変数（メンバ変数）と考えることができる。「self.name = name」という代入文における「self.name」は属性、「name」はメソッドの引数なので混同しないようにすること。もちろん属性に付ける名前と引数の名前は異なってもよいが色々な名前が混在しないように同じ名前にしておく方が無難である。以下のように外部から直接、属性を操作することもできる。

```
a = Person('taro', 18)
print(a.name)
```

注 通常のオブジェクト指向言語では外部から直接属性を操作することはできないが、Pythonではこれを認めている。

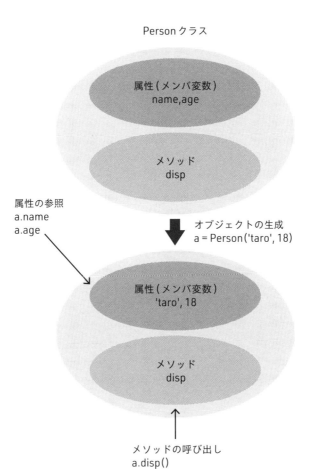

Person クラス

属性 (メンバ変数)
name,age

メソッド
disp

属性の参照
a.name
a.age

オブジェクトの生成
a = Person('taro', 18)

属性 (メンバ変数)
'taro', 18

メソッド
disp

メソッドの呼び出し
a.disp()

（図1.29） クラスの概要

練習問題 1-20-1 Personクラスのオブジェクトを要素とするリストを作成しなさい。

```
class Person:
    def __init__(self, name, age):
        self.name = name
        self.age = age

    def disp(self):
```

```
        print(f'name={self.name:s},age={self.age:d}')

person = [Person('taro', 18), Person('jiro', 21), Person('itiro', 17)]
for p in    ①    :
        ②
```

実行結果

```
name=taro,age=18
name=jiro,age=21
name=ichiro,age=17
```

練習問題 **1-20-2** 練習問題1-20-1をメソッドdispを使わず、直接メンバ変数
を参照して表示するように変更しなさい。

```
class Person:
    def __init__(self, name, age):
        self.name = name
        self.age = age

person = [Person('taro', 18), Person('jiro', 21), Person('itiro', 17)]
for p in person:
    print(f'name={   ①   :s}, age={   ②   :d}')
```

Chapter

2

Pythonの
書法・技法

日本の伝統文化である茶道には「裏千家」・「表千家」などの流派がある。流派によって振る舞い方や特徴が異なるが、作法に従った茶道には形式美がある。

　プログラムの世界にもプログラムを書くための書法・技法がある。プログラム一般に言えるものもあればPython流のものもある。

　プログラムの内容でなく、外見的な見栄え（スタイル）を書法という。二項演算子の両脇の空白の取り方、インデントの幅、コメントの書き方などである。PythonにはPEP8（Python Enhancement Proposal #8）という コードのスタイルガイドがあるのでこれに準拠する。

　スタイル（書法）という外見でなくプログラムの内容を考えた場合に、「信頼性が高いこと」、「保守容易性が高いこと」、「拡張性が高いこと」、「処理効率が高いこと」などが良いプログラムの条件とされている。このような観点に立ち、多くの人がみても分かりやすく、一般的で効率のよいプログラムを書くテクニックを技法と呼ぶ。

　この章では、こうした書法と技法について説明する。

2-1 プログラミング書法 (プログラミング・スタイル)

■ Pythonでのプログラム書式

　プログラム作りに慣れないうちは、とにかく希望する結果が得られることに神経を使っているので、プログラミング・スタイル（書法）にまで気を配る余裕がない。個人ベースでなく、製品となるプログラムなら、多くの人が携わり、他人もそのプログラムを共有することになる。こうした場合、自分勝手なルールでプログラムを書いていると他人が見たときにプログラムの可読性が悪くなる。

　以下はPythonでのプログラム書式の例である。

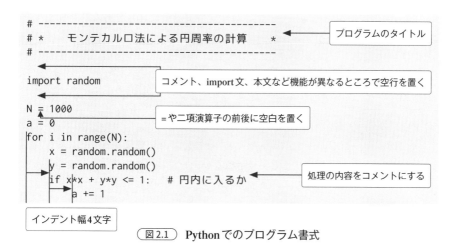

（図2.1）　Pythonでのプログラム書式

■ PEP8 (Python Enhancement Proposal #8)

　プログラムコードを見やすくするためのルールは各言語ごとにある。PEP8はPython コードのスタイルガイドである。コードのスタイルを一貫させることで、コードを読みやすくするためのガイドラインが書かれている。

https://pep8-ja.readthedocs.io/ja/latest/

　主な内容を抜粋すると以下の通り。

▌インデント

インデント幅は4文字。半角空白文字を使用してタブ文字は使わない。

▌行の継続

1行の長さは最大で79文字まで。行を継続するには、以下の2つの方法がある。長い文（条件式や計算式）を複数行に分ける場合は、()を使う方式の方が良い。ただし、with文、assert文は「\ （バックスラッシュ）」による継続が良い。

- ()、[]、{}内のルールを使う

  Pythonでは、()、[]、{}の中は「\ （バックスラッシュ）」で行継続しなくても、1行の文とみなす。リストや辞書は、このルールで複数行に分けることができる。このルールを利用して、長い条件式や計算式に関しても、()で囲んで複数行に分けることができる。

```python
if (10 <= age and age < 20
    or age == 25):
```

- 「\ （バックスラッシュ）」を使う

  行末に「\」（日本語キーボードでは¥）を置いて行を継続する。「\」の後に空白を置くと、行を継続すると見なされないので、「\」の直後で改行する。

```python
if 10 <= age and age < 20  \
    or age == 25:
```

▌改行する位置

長い条件式や計算式を複数行に分ける場合、二項演算子（+、-など）、論理演算子（and、orなど）が次の行先頭になるように改行する。

```python
y = (30 * (math.cos(math.radians(math.sqrt(x*x + z*z)))
    + math.cos(math.radians(3 * math.sqrt(x*x + z*z)))))
```

▌空白文字の使い方

「=」、二項演算子（+、-、*、/など）、複合代入演算子（+=、-=、*=、/=など）の前後に空白を1つ入れる。

```
x = a + b
n += 1
```

「,」の後ろに空白を1つ入れる。

```
a = [1, 2, 3]
func(arg1, arg2)
```

- 空白を置いてはいけないもの
  部分範囲を示す「:」や文の区切りの「:」の前後には空白を入れない。

```
text[1:5]
if a < 0:
```

デフォルトパラメータを示す「=」の両側には空白を入れない。

```
func(sep=',')
```

- 空白を入れない方が良い場合
  優先順位が高いものの前後には空白文字を含めない。

```
a = x*x + y*y
```

ただし、PEP8では、

```
c = (a+b) * (a-b) # PEP8
```

のような書式を推奨しているが、本書では()内も優先順序の低いものの両脇に空白を入れる。

```
c = (a + b) * (a - b)  # 本書のルール
```

「(」や「[」の後ろ、「)」や「]」の直前には空白は入れない。

```
func( a[ 1 ] )  # 推奨されない
```

▌命名規則

変数名、リスト名、関数名は小文字ベースで付ける。必要に応じて「_」を使う。たとえば、`s_list`。定数は大文字ベースで付ける。たとえば、`N`。クラス名の先頭は大文字。たとえば、`Person`。

`'l'`（小文字のエル）、`'O'`（大文字のオー）、`'I'`（大文字のアイ）を単独の識別子にしない。これらは数字の0や1と見間違いやすい。PEP8には特別記載がないが、`sum`、`max`、`min`などは組み込み関数としてあるので、変数として使う場合は、たとえば`sum`なら`sums`、`sum_value`とするか、同様な意味の別の単語の`total`などにする。Pythonは識別子にスネークケースを使う例が多いので`sum_value`が妥当かもしれないが、初心者が長い変数名を使うとタイピング量が増え煩雑になるので、本書の短いプログラムでは「sum」は単に「s」とした。

▌import文

import文はプログラムの先頭に置く。まとめてインポートせず、個々にインポートする。「from module」形式において、ワイルドカードを使った「from module import *」形式のインポートは、名前の衝突を起こす危険があるので使用する場合注意が必要。

import文は次の順番でグループ化する。

- 標準ライブラリ
- サードパーティに関連するもの
- ローカルなアプリケーション／ライブラリに特有のもの

▌コメント

コメントは「#」で始まり、同じ物理行の末端で終わる。「#」の後ろに1つの空白を置く。

- ブロックコメント
  行先頭からのコメント。そこから複数行に渡ってそのコメントが意味のある場合に使う。

```
# 木のサーチ
p = 0
```

```
while quest[p].left != NIL:
    c = input(quest[p].node)
```

- インラインコメント

  行の途中からのコメント。文と#の間は2つ以上の空白を入れる。その行に関係する場合に使う。

```
sp = 0  # スタックポインタ
```

以下のような冗長な（命令の意味をコメントするような）インラインコメントは避ける。

```
s = 0  # sに0を入れる
```

■ その他

代入演算子を揃えるために、演算子の周囲に1つ以上のスペースを入れるのは推奨されない。

```
# 推奨されない
x             = 1
y             = 2
long_variable = 3
```

複合文（一行に複数の文を入れること）は一般的に推奨されない。

```
if a < 0:a = -a  # 推奨されない
```

2-2 | プログラミング技法

■ 良いプログラムの条件

スタイル（書法）という外見でなくプログラムの内容を考えた場合に、良いプログラムの条件として以下のようなものが考えられる。

①信頼性が高いこと：Reliability

予想しない出来事に対してもできるだけエラーがなく正常に動作する

②保守容易性が高いこと：Serviceability

不具合が出たときに、他人でも修正が行えるような一般的な手法を使う

③拡張性が高いこと：Extensibility

ある機能を追加したり削除したりする場合に、プログラム全体を作り直すのではなく、その機能単位で修正できる。

④処理効率が高いこと：Processing Efficiency

同じ結果が得られても、処理効率が悪ければ、使用に耐えないことがある。

このような観点に立ち、多くの人が見ても分かりやすく、一般的で効率のよいプログラムを書くテクニックを技法と呼ぶ。技法はアルゴリズムとまではいかないが、プログラムを作成する上でのテクニック的なものである。一般にアルゴリズムは言語に依存しない抽象化されたものであるが、技法は各言語に共通するものとプログラム言語に依存するものがある。

2-3以後に各カテゴリごとに説明する。

2-3	言語仕様上の注意点	2-8	クラスの活用
2-4	ちょっとしたテクニック	2-9	辞書の活用
2-5	ビット演算子	2-10	ファイル処理
2-6	文字列処理	2-11	ライブラリの活用
2-7	リスト操作		

2-3 言語仕様上の注意点

■ for in 文の使い方

Pythonの for in 文はC系言語の for 文と使い方が異なるので、他の制御構造に比べ注意が必要である。Python流の for in 文の使い方は**付録**の **6.3.1　for in 文**参照。

▌range の範囲

rangeの範囲をリストにして表示すると以下のようになる。指定した最終値までではなく、最終値未満までが範囲であることに注意すること。最終値まで含めたければ、「+1」した値を使う。listはリストを作成するための関数。

```
a = list(range(10))
b = list(range(1, 10))
c = list(range(-10, 10, 2))
print(a)
print(b)
print(c)
```

実行結果

```
[0, 1, 2, 3, 4, 5, 6, 7, 8, 9]
[1, 2, 3, 4, 5, 6, 7, 8, 9]
[-10, -8, -6, -4, -2, 0, 2, 4, 6, 8]
```

▌整数型以外の型で範囲を作る場合

rangeには整数型しか指定できないので、その他の型を指定したいときは工夫が必要である。

- 実数型

「-1.0、-0.8、-0.6、…、0.6、0.8、1.0」の繰り返しを作る場合、range(-1.0, 1.1,0.2)とすることはできないので、以下のようにする。

```
for i in range(-10, 11, 2):
    x = i / 10
    print(x, ',', end='')
```

```
-1.0 ,-0.8 ,-0.6 ,-0.4 ,-0.2 ,0.0 ,0.2 ,0.4 ,0.6 ,0.8 ,1.0 ,
```

- 文字列型

  「'a'～'z'」の繰り返しを作る場合、range('a','z')とすることはできないので、以下のようにする。

```
for i in range(26):
    c = chr(ord('a') + i)
    print(c, ',', end='')
```

```
a ,b ,c ,d ,e ,f ,g ,h ,i ,j ,k ,l ,m ,n ,o ,p ,q ,r ,s ,t ,u ,v ,w ,x ,y ,z ,
```

- 論理型

  「False,True」の繰り返しを作る場合、range(False, True + 1)とすることはできるが、以下のようにする。

```
bool = [False, True]
for i in bool:
    print(i)
```

```
False
True
```

■ do while文について

Pythonにはdo while文がないので、while型の無限ループとbreakを組み合わせる。詳細は**4-1 流れ制御構造（組み合わせ）**を参照。

■ コンパクトな書き方
■ 複数の変数の初期化

変数の初期化を

```
a = 1
b = 2
c = 3
```

のように行う場合、タプルを使って以下のように書ける。

```
a, b, c = 1, 2, 3
```

同じ値で初期化するには、

```
a = b = c = 0
```

でもよい。これを chained assignment（連鎖代入）という。

参 考 ┃ タプルの注意点

タプルによる複数の変数への一括代入は、単純な代入に限定すべきで、以下のような表現は混乱の元になる。

```
i, a[i] = 0, 10
```

一般に式は左から右に評価されるので、これは i に 0 が入ってから、a[0] に 10 が入る。これをもし、

```
a[i], i = 10, 0
```

と書けば、i の値が確定しないうちに a[i] が評価され、エラーとなる。同様な理由で以下の場合でもエラーとなる。

```
a[i] = i = 0
```

▌2変数の交換

2つの変数 a、b の内容を交換する場合、一般の言語では、作業変数 t を使って、

```
t = a
```

```
a = b
b = t
```

とする。Pythonではタプルを使って以下のように書ける。

```
a, b = b, a
```

▌代入式の利用

input関数でデータ入力を繰り返す場合、終了条件を付けなければ、無限ループとなってしまう。たとえば、「/」の入力でループから抜けるには以下のようにする。

実行結果

```
while True:
    data = input('名前？')
    if data == '/':
        break
    print(data)
```

```
名前？Ann
Ann
名前？Lisa
Lisa
名前？/
```

Python の代入（=）は文であり、代入の結果を式として評価することができない。Python 3 では代入式（:=）が導入されたので、break を使わずにコンパクトに書ける。

```
while (data := input('名前？')) != '/':
    print(data)
```

▌単純文を1行にまとめる

単純な文は「;」を使って1行にまとめることができる。

```
print('Hello')
print('Python')
```

は、

```
print('Hello'); print('Python')
```

と書ける。複数の変数への初期化をC流に書くなら以下のようになる。

```
a = 1; b = 2; c =3
```

しかし、if文やfor文を1行にまとめることはやめるべきである。

```
if a < 0: a = -a
```

は、

```
if a < 0:
    a = -a
```

と書くべきである。

■ 誤差

「0.1」を10回足しても「1.0」にならない。

実行結果

```
0.9999999999999999
```

```
s = 0
for i in range(10):
    s += 0.1
print(s)
```

どの言語もそうだが、小数を2進内部表現した場合に誤差がでる。たとえば10
進数の「0.1」を2進表現すると「.0011001100…」と循環するので、適当なところ
で打ち切った数を使う。これが誤差になる。ところが10進数の「0.5」は2進表現
で「.1」と循環しないので誤差は出ない。

実数型は内部誤差を伴うので、以下のような等値比較では一致しない。実数型の
等値比較はしてはいけない。

```
s = 0.1 + 0.1 + 0.1
if s == 0.3:
    print('OK')
```

2-4 ちょっとしたテクニック

■ マジックナンバーの除去

プログラム中に現れる具体的数値をマジックナンバーと呼ぶ。

```python
for i in range(10):
    for j in range(10):
        for k in range(10):
```

もし「10」が「11」に代われば、3か所ある「10」を書き直さなければならない。
以下のようにすることで、マジックナンバーを除去し、Nの値だけ変更すれば良い。

```python
N = 10
for i in range(N):
    for j in range(N):
        for k in range(N):
```

■ flagの利用

▮ 状態flag

ループからの強制脱出を持つ構造では、ループから抜けたときに、ループを正常に終了したのか、途中で強制脱出したのかがわからない。そこで、次のような状態フラグを使って判定する。フラグ（flag）は旗という意味で、旗の上げ（1）、下げ（0）で状態を示す。

```python
flag = 0
while 条件:
    if 脱出条件:
        flag = 1
        break
if flag ==1 :
    強制脱出
else:
    正常にループを抜けた
```

注 Pythonでは、flagとbreakを使う方法はループのelse節を使えばかんたんに書くことができる。**付録の6.3.1.3 else節**参照。

■ トグル動作

2つの値を交互にとることをトグル動作という。たとえば、「False」と「True」などである。以下の計算式では、奇数項が「+」、偶数項が「-」となるトグル動作である。

$$1^2-2^2+3^2-4^2+5^2$$

「sign =- sign」で「1」と「-1」のトグル動作を実現している。

```
sign, s = 1, 0
for i in range(1, 6):
    s += sign * i**2
    sign = -sign  # トグル動作
```

論理値（ブール値）ならnot演算子で反転する。

```
flag = False
while 条件:

    flag = not flag
```

■ 剰余の利用

剰余算は人間の世界ではなじみがないが、プログラムの世界では使い方によっては効果が高い。剰余は「%」演算子を用いる。「10%3」は、10を3で割った余りの「1」となる。

たとえば、ある数nが8の倍数か判定するには、以下のようにする。nを8で割った余りが0なら、8の倍数と判定できる。

```
if n % 8 == 0:
```

同様に、奇数か偶数かは以下のようになる。余りが0なら偶数、そうでなければ奇数となる。

```
if n % 2 == 0:
```

リストの内容を4個ずつ表示するような場合は、以下のようにする。

```
a = [0, 1, 2, 3, 4, 5, 6, 7, 8, 9]
for i in range(len(a)):
    print(f'{a[i]:4d}', end='')
    if (i + 1) % 4 == 0:
        print()
```

実行結果

```
   0   1   2   3
   4   5   6   7
   8   9
```

■ 論理の簡略化

a	b	AND	NAND
0	0	0	1
0	1	0	1
1	0	0	1
1	1	1	0

(表2.1) AND回路とNAND回路の真理値表

AND回路の真理値表の条件として、出力が「1」になる条件に注目するなら、

```
if a == 1 and b == 1:
    f = 1
else:
    f = 0
```

となる。これと同様にNAND回路の出力も「1」に注目して作ると、

```
if a == 0 and b == 0 or a == 0 and b == 1 or a == 1 and b == 0:
    f = 1
else:
    f = 0
```

となる。これは煩雑で、出力が「0」になる条件に注目すれば、

```
if a == 1 and b == 1:
    f = 0
else:
    f = 1
```

と簡潔になる。

参考 | AND回路

デジタル回路で使うAND回路とは、2つの入力a、bの論理の組み合わせで、出力が4種類あり、入力a、bが「1、1」のときだけ出力が「1」となるものである。

■ 番兵

リストのデータを線形検索する場合、リストの上限を超えた検索を行わないように、添字範囲の判定を含めなければならない。

```python
a = [21, 30, 29, 40, 11]
N = len(a)
key = 29
i = 0
while i < N and a[i] != key:
    i += 1
if i < N:
    print(f'{key:d}は{i:d}番目')
else:
    print('みつかりません')
```

図2.2のようなデータ構成にしておけば、キーに一致するデータが見つかるまで単純に探索を行えばよい。もし、キーに一致するデータがない場合でも、番兵のところで終了する。このように、探索するデータと同じものをわざとリストの最後におき、リストの上限を超えて探索を行わないように見張りをしているものを番兵と呼ぶ。

（図2.2） 番兵

```
a = [21, 30, 29, 40, 11]
N = len(a)
key = 29
a.append(key)  # 番兵をリストの最後に追加
i = 0
while a[i] != key:
    i += 1
if i < N:
    print(f'{key:d}は{i:d}番目')
else:
    print('みつかりません')
```

■ 写像

　一般に、あるデータ範囲（これを定義域という）を別のデータ範囲（これを値域）に変換することを写像と呼ぶ。

　たとえば、0〜100点の点数pを10点幅で度数をリストhist[]に求める場合、「p // 10」を添字にする。これで10未満なら「0」、10〜19は「1」、…、90〜99は「9」、100は「10」に写像される。

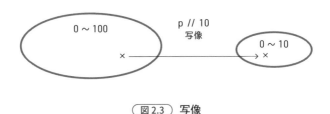

(図2.3) 写像

　sinやcosの値は0〜360°で1周期なので、それ以後は同じ値を繰り返す。標準ライブラリ関数のsin(x)やcos(x)は展開公式で求めているので、xが大きくなると誤差が大きくなる。次のようにxを360で割った剰余を使うとxの範囲は0〜359の範囲に圧縮され、360は0として扱われる。

```
x %= 360
```

■ 境界条件

データの範囲の初期値と最終値のような端の値をどうするかを境界条件という。たとえば、年齢ageが10代かどうか判定するのに以下の2つの書き方がある。

```
if 10 <= age and age <=19:
```

または、

```
if 10 <= age and age < 20:
```

「1〜5」の数値を作るのに以下の2つの書き方がある。

```
for i in range(5):
    print(i+1)
```

または、

```
for i in range(1, 6):
    print(i)
```

■ トリッキーな表現は避ける

たとえば、M行M列の対角要素を「1」それ以外を「0」にするプログラムをトリッキーな方法で書くと以下のようになる。min(i, j) // max(i, j)で、iとjが等しいときだけ「1」、それ以外は「0」を作り出している。

```
M = 3
a = [[min(i, j) // max(i, j) for i in range(1, M+1)] for j in range⏎
(1, M+1)]
print(a)
```

これは、以下のように書いた方がコードは多少長くなるが分かりやすい。

```
M = 3
a = [[0] * M for i in range(M) ]
for i in range(M):
    for j in range(M):
        if i == j:
            a[i][j] = 1
```

第2章

2-5 ビット演算子

■ ビット演算子

たとえば、「147」を2進数の「1」、「0」で表すと以下のようなビットパターンになる。

1	0	0	1	0	0	1	1

（図2.4） ビットパターン

この各ビットを操作するのがビット演算子で、以下のものがある。

演算子	機能
<<、>>	シフト演算
&	ビット単位 AND
^	ビット単位 XOR
|	ビット単位 OR
~	ビット反転

（表2.2） ビット演算子

整数値の「0」と「1」は、2進数でも「0」と「1」である。この「0」と「1」のAND演算の組み合わせは4通りあり、以下のようになる。

「0 & 0」、「0 & 1」、「1 & 0」の結果は「0」、「1 & 1」の結果は「1」となる。

例 題 2-5　デジタル回路のANDとNANDの真理値表は以下である。ANDの真理値表を作る。

a	b	AND	NAND
0	0	0	1
0	1	0	1
1	0	0	1
1	1	1	0

実行結果

```
print('a', 'b', 'c')
for a in range(2):
    for b in range(2):
        c = a & b
        print(a, b, c)
```

```
a b c
0 0 0
0 1 0
1 0 0
1 1 1
```

練習問題　2-5-1 以下のような半加算器の真理値表を作りなさい。半加算器は1ビットの2進演算を行うもので、「0+0=0」、「0+1=1」、「1+0=1」、「1+1=10」を実現するものである。出力cに桁上がりが入る。

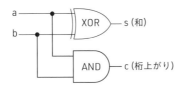

実行結果

```
print('a', 'b', 's', 'c')
for a in range(2):
    for b in range(2):
        s = [ ① ]
        c = [ ② ]
        print(a, b, s, c)
```

```
a b s c
0 0 0 0
0 1 1 0
1 0 1 0
1 1 0 1
```

練習問題　2-5-2 回路に入力される信号と出力を時間軸で表示したものをタイムチャートという。2入力ANDのタイムチャートを作る。入力端子a、bに入力される信号をリストx、yに格納しておく。電気信号の$low(0)$と$high(1)$を示す文字をbarに格納しておく。

```
x = [0, 1, 0, 1, 0, 1, 0, 1]
y = [0, 0, 0, 0, 1, 1, 1, 1]
bar = ['＿', '￣']
abar = bbar = cbar = ''

for i in range(len(x)):
    a =  ①
    b =  ②
    c = a & b
    abar += bar[a]
    bbar += bar[b]
    cbar += bar[c]
print('a', abar)
print('b', bbar)
print('c', cbar)
```

実行結果

```
a  ＿ ＿ ＿ ＿
b  ＿ ＿ ＿＿＿
c  ＿＿＿＿ ＿ ＿
```

注 AND回路は入力 *b* が「1」のときだけ、入力 *a* の信号が出力されるゲート回路になる。

2-6 文字列処理

■ 文字列のスライス（部分文字列）

文字列の添字（インデックス）は0スタートである。文字列fruitの先頭要素はfruit[0]、*i*番目の要素はfruit[i]で取り出せる。部分範囲を指定してスライスすることもできる。fruit[2:4]は2番目の文字から4番目の直前までの'pl'を切り出す。

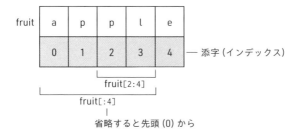

（図2.5）文字列のスライス

以下はappleを1文字、2文字、3文字…と取り出して表示する。

```
fruit = 'apple'
for i in range(len(fruit)):
    print(fruit[:i + 1])
```

実行結果

```
a
ap
app
appl
apple
```

練習問題 **2-6-1** 上記のプログラムを「apple」…「a」の逆パターンで表示しなさい。

実行結果

```
fruit = 'apple'
for i in range(len(fruit)):
    print(fruit[      ①      ])
```

```
apple
appl
app
ap
a
```

■ カウント

countメソッドで、指定した文字列が何個含まれるか調べることができる。以下ではnに「2」が返される。

```
text = 'this is a pen'
n = text.count('is')
```

練習問題　2-6-2　text中の英字（a～z）の出現頻度を調べなさい。

```
text = 'to be, or not to be, that is the question.'
for i in range(26):
    alpha = chr(i +    ①    )
    n = text.count(alpha)
    print(f'{    ②    :s}:{n:d}')
```

参考　｜　ord関数とchr関数

a、bなどの文字はコンピュータ内部では文字コードとして扱っている。ord関数とchr関数は、文字と文字コードの間の変換を行うものである。ord('a')は文字aの文字コードである「97」となる。逆にchr(97)は文字コード97の文字である「a」となる。さらにa～zの文字の文字コードは97から連続している。

実行結果

```
a:1          j:0          s:2
b:2          k:0          t:7
c:0          l:0          u:1
d:0          m:0          v:0
e:4          n:2          w:0
f:0          o:5          x:0
g:0          p:0          y:0
h:2          q:1          v:0
i:2          r:1          z:0
```

■ 検索

findメソッドで検索文字の位置（0スタートの添字番号）を調べることができる。findの第2引数には検索開始位置を指定する。省略すると先頭から検索する。見つからなければ「-1」を返す。以下はnに「10」が返される。

```
text = 'This is a pen. That is a pencil. '
n = text.find('pen')
```

練習問題 2-6-3 text中からすべてのkey文字を検索し、検索したkey文字以後の文字列を表示しなさい。

```
text = 'This is a pen. That is a pencil. '
key = 'pen'
p = 0
while True:
    p = text.find(      ①      )
    if      ②      :
        break
    print(text[p:])
    p += 1
```

実行結果

```
pen. That is a pencil.
pencil.
```

■ 分離

splitメソッドは指定した区切り文字で文字列を分離し、リストとして返す。

実行結果

```
word = 'this is a pen'
rep = word.split(' ')
print(rep)
```

```
['this', 'is', 'a', 'pen']
```

練習問題 2-6-4 input関数による入力で、2つ以上の項目を入力したい場合がある。たとえば名前と年齢を「**Ann,20**」のように入力する場合、split関数を使って2つの項目を分離しなさい。sdata[0]とsdata[1]に分離されたデータが入る。

```
while (data := input('名前,年齢？')) != '/':
    sdata = data.split(',')
    name =  ①
    age =  ②
    print(f'名前は{name:s}で年齢は{age:d}才')
```

実行結果

```
名前,年齢？Ann,21
名前はAnnで年齢は21才
名前,年齢？Lisa,18
名前はLisaで年齢は18才
名前,年齢？/
```

注 上のプログラムは以下のように書くこともできる。
```
name, age = data.split(',')
age = int(age)
```

第2章

2-7 リスト操作

■ 添字のエラー

リストの添字に範囲外の値や整数値以外を使うとエラーとなる。**付録の4.4.8 添字エラー**参照。

■ リストの末尾へ追加

appendメソッドでリストの末尾に追加できる。

```
word = ['apple', 'orange', 'banana']
word.append('strawberry')
print(word)
```

実行結果

```
['apple', 'orange', 'banana', 'strawberry']
```

■ 空リスト

リストにデータを追加する際、何もない状態から始めることがある。この場合は、空リストを使う。空リストは、要素を置かない[]で表す。

```
word = []  # 空リスト
```

練習問題 2-7-1 空リストから始め、input関数で名前データを追加しなさい。入力終わりは「/」とする。

実行結果

```
girl = []  # 空リスト
while (g := input('名前?')) != '/':
        ①
print(girl)
```

```
名前?Ann
名前?Lisa
名前?Candy
名前?/
['Ann', 'Lisa', 'Candy']
```

■ リスト内の検索

in演算子を使えば、リスト内に指定した要素があるか調べることができる。

```
fruit = ['apple', 'orange', 'banana']
if 'orange' in fruit:
    print('含まれる')
```

　index メソッドは検索する文字列が見つかった位置（インデックス）を返す。以下では「1」が返される。見つからなければ「ValueError」を発生する。エラー処理については**付録の6.3.14　try文**参照。

```
word = ['apple', 'orange', 'banana']
n = word.index('orange')
print(n)
```

■ リストへの挿入

　insert メソッドで指定位置の直前に追加する。

```
word = ['apple', 'orange', 'banana']
word.insert(1, 'strawberry')
print(word)
```

実行結果

```
['apple', 'strawberry', 'orange', 'banana']
```

> **練習問題　2-7-2** key で示す名前の直前に ins で示す名前を追加しなさい。key がリスト内にない場合は末尾に追加しなさい。

実行結果

```
['Ann', 'Nancy', 'Lisa', 'Rolla']
```

```
girl = ['Ann', 'Lisa', 'Rolla']
key = 'Lisa'
ins = 'Nancy'

if key in girl:
    i = girl.index(key)
    girl.[    ①    ]   # keyの前に挿入
else:
    girl.[   ②   ]

print(girl)
```

■ リストからの削除

リストからの削除は添字を指定する del 文と、要素内容を指定する remove メソッドがある。

```
girl = ['Ann', 'Lisa', 'Rolla']
```

に対し以下の2つはいずれも'Lisa'を削除する。

```
del girl[1]
girl.remove('Lisa')
```

なお、del 文では添字の範囲を指定して削除できる。

```
del girl[1:]
```

は'Lisa'以後を削除する。

> 練習問題 **2-7-3** del や remove は添字範囲外や、ないデータを指定すると実行時エラーとなるので、削除しようとするデータがリスト内にあるのか調べてから削除する。

実行結果

```
['Ann', 'Rolla']
```

```
girl = ['Ann', 'Lisa', 'Rolla']
key = 'Lisa'
if   ①   :
    girl.remove(key)
print(girl)
```

■ リストのソート

sort メソッドでは、リストのソートを行う。

```
girl = ['りほ', 'あゆみ', 'なぎさ', 'まゆ']
girl.sort()
print(girl)
```

実行結果

```
['あゆみ', 'なぎさ', 'まゆ', 'りほ']
```

降順にソートしたいときはreverse=Trueとする。

実行結果

```
girl.sort(reverse=True)
```
```
['りほ', 'まゆ', 'なぎさ', 'あゆみ']
```

練習問題 2-7-4 inputで名前データをリストgirlに登録し、ソートしなさい。

実行結果

```
girl = []  # 空リスト
while (g := input('名前')) != '/':
    ┌──────────┐
    │    ①     │
    └──────────┘
    ┌──────────┐
    │    ②     │
    └──────────┘
print(girl)
```
```
名前あゆみ
名前りほ
名前なぎさ
名前/
['あゆみ', 'なぎさ', 'りほ']
```

■ 文字列⇔リスト変換

　文字列とリストは似たデータ構造である。文字列はイミュータブル（変更不可）なのに対し、リストはミュータブル（変更可）である。文字列をリストに変換するには組み込みのlist関数、リストを文字列に変換するには、文字列クラスのjoinメソッドを使う。

実行結果

```
text = 'abcd'
ls = list(text)
print(ls)
```
```
['a', 'b', 'c', 'd']
```

実行結果

```
ls = ['a','b','c','d']
text = ''.join(ls)
print(text)
```
```
abcd
```

練習問題 2-7-5 文字列text中の「?」を「p」に置き換えた文字列を作りなさい。

```
text = 'a??le'
ls =     ①
for i in range(len(ls)):
    if ls[i] == '?':
        ls[i] = 'p'
newtext =     ②
print(text)
print(newtext)
```

注 文字列の各要素は参照できても、内容を変更することはできない。「text[1] = 'p'」はエ
　　 ラーとなる。そこで、文字列をリストに変換し、内容を変更してから再び文字列に変
　　 換する。

実行結果

```
a??le
apple
```

2-8 クラスの活用

Personクラスは漢字の名前、読み、年齢を属性とする。Pythonのクラスは外部から属性を参照できることが、厳格なオブジェクト指向言語と異なる点である。

■ メソッドを作る

例題 **2-8-1** 読みから「あ行」に入るデータを表示する。

実行結果
```
あ行
綾瀬 あやせ 21
井上 いのうえ 16
```

```python
class Person:
    def __init__(self, kanji, yomi, age):
        self.kanji = kanji
        self.yomi = yomi
        self.age = age


person = [Person('河西','かさい', 17),
          Person('綾瀬','あやせ', 21),
          Person('山田', 'やまだ', 20),
          Person('井上', 'いのうえ', 16)]

print('あ行')
for p in person:
    if 'あ' <= p.yomi and p.yomi <= 'お':
        print(p.kanji, p.yomi, p.age)
```

練習問題 **2-8-1** 年齢から未成年に入るデータを表示しなさい。

実行結果
```
未成年
河西 かさい 17
井上 いのうえ 16
```

```python
class Person:
    def __init__(self, kanji, yomi, age):
        self.kanji = kanji
        self.yomi = yomi
        self.age = age
```

```
person = [Person('河西','かさい', 17),
          Person('綾瀬','あやせ', 21),
          Person('山田', 'やまだ', 20),
          Person('井上', 'いのうえ', 16)]

print('未成年')
for p in person:
    if     ①    :
        print(p.kanji, p.yomi, p.age)
```

練習問題 **2-8-2** あ行、か行…に入るかチェックするcheckメソッドを作りな
さい。

```
class Person:
    def __init__(self, kanji, yomi, age):
        self.kanji = kanji
        self.yomi = yomi
        self.age = age

    def disp(self):
        print(self.kanji, self.yomi, self.age)

    def check(self, key):
        if key <= self.yomi and self.yomi <= [     ①     ]):
            return [  ②  ]
        else:
            return [  ③  ]

person = [Person('河西','かさい', 17),
          Person('綾瀬','あやせ', 21),
          Person('山田', 'やまだ', 20),
          Person('井上', 'いのうえ', 16)]

for p in person:
    if p.check('あ'):
        p.disp()
```

実行結果

```
綾瀬 あやせ 21
井上 いのうえ 16
```

　「ひらがな」のUnicodeは英字のように1つおきに順序よく並んでいないので、この方法は完全ではなく、「た」、「は」、「ま」、「や」行はうまくいかない。

例 題 **2-8-2**　練習問題2-8-2で作成したcheckメソッドは「p.check()」のように個々のオブジェクトからの呼び出しであったが、これを「persons.check()」のような呼び出しを行えるようにする。
Personクラスの他に、リストを扱うクラスPersonsを作り、リストデータ全体を処理するcheckメソッドを作る。

```python
class Person:
    def __init__(self, kanji, yomi, age):
        self.kanji = kanji
        self.yomi = yomi
        self.age = age

class Persons:  # Personクラスのリストデータを扱うクラス
    def __init__(self, persons):
        self.persons = persons

    def check(self, key):
        for p in self.persons:
            if key <= p.yomi and p.yomi <= chr(ord(key) + ord('か') - ↵
ord('あ')):
                print(p.kanji, p.yomi, p.age)

person = [Person('河西','かさい', 17),
          Person('綾瀬','あやせ', 21),
          Person('山田', 'やまだ', 20),
          Person('井上', 'いのうえ', 16)]

persons = Persons(person)
persons.check('あ')
```

実行結果

```
綾瀬 あやせ 21
井上 いのうえ 16
```

126

練習問題 **2-8-3** Personクラスのデータを辞書順にソートするsortメソッド
を作りなさい。

```python
class Person:
    def __init__(self, kanji, yomi, age):
        self.kanji = kanji
        self.yomi = yomi
        self.age = age

class Persons:  # Personクラスのリストデータを扱うクラス
    def __init__(self, persons):
        self.persons = persons

    def sort(self):
        a = self.persons
        for i in range(len(a) - 1, 0, -1):
            for j in range(0, i):
                if ┌─────①─────┐:
                    a[j], a[j + 1] = a[j + 1], a[j]

person = [Person('河西','かさい', 17),
          Person('綾瀬','あやせ', 21),
          Person('山田', 'やまだ', 20),
          Person('井上', 'いのうえ', 16)]

persons = Persons(person)
┌──②──┐.sort()
for p in person:
    print(p.kanji, p.yomi, p.age)
```

実行結果

```
綾瀬 あやせ 21
井上 いのうえ 16
河西 かさい 17
山田 やまだ 20
```

■ 静的メソッド

　オブジェクト（インスタンス）を生成せずに、そのクラスに直接適用するメソッ
ドをクラスメソッド（静的メソッド）と呼ぶ。mathクラスやrandomクラスのメソッ
ドがこの種類に属する。メソッドの呼び出しはクラス名を使って「math.」や

「random.」となる。「math.」の「math」は math という名の唯一の静的オブジェクトと考えることもできる。

　静的メソッドを作るには @staticmethod デコレータをメソッド定義の前に置く。静的メソッドの第 1 引数には「self」を指定しない。

> 🔒 @staticmethod で明示しなくても第 1 引数に self がないメソッドは静的メソッドとして扱われる。

例 題　2-8-3　例題 2-8-2 を静的メソッドで作る

```
class Person:
    def __init__(self, kanji, yomi, age):
        self.kanji = kanji
        self.yomi = yomi
        self.age = age

    @staticmethod
    def check(person, key):
        for p in person:
            if key <= p.yomi and p.yomi <= chr(ord(key) + ord('か') - ↩
ord('あ')):
                print(p.kanji, p.yomi, p.age)

person = [Person('河西','かさい', 17),
          Person('綾瀬','あやせ', 21),
          Person('山田', 'やまだ', 20),
          Person('井上', 'いのうえ', 16)]

Person.check(person,'あ')
```

練習問題　2-8-4　練習問題 2-8-3 を静的メソッドで作りなさい。

```
class Person:
    def __init__(self, kanji, yomi, age):
        self.kanji = kanji
        self.yomi = yomi
        self.age = age

    @staticmethod
```

```
    def sort(    ①    ):
        for i in range(len(person) - 1, 0, -1):
            for j in range(0, i):
                if person[j].yomi > person[j + 1].yomi:
                    person[j], person[j + 1] = person[j + 1], person[j]

person = [Person('河西','かさい', 17),
          Person('綾瀬','あやせ', 21),
          Person('山田', 'やまだ', 20),
          Person('井上', 'いのうえ', 16)]

    ②

for p in person:
    print(p.kanji, p.yomi, p.age)
```

2-9 辞書の活用

■ 辞書の作成

辞書はキーと値のペアである。以下のように要素を{}で囲む。

```
{キー1:値1, キー2:値2, ...}
```

キーを使って辞書の要素を参照する。同じキーを指定すると、後に指定した値に更新される。

```
word = {'apple': 'りんご', 'orange': 'みかん', 'banana': 'バナナ',⏎
'apple': '林檎'}
print(word)
print(word['apple'])
```

実行結果

```
{'apple': '林檎', 'orange': 'みかん', 'banana': 'バナナ'}
林檎
```

新しい要素は以下のように追加できる。

```
word['strawberry'] = 'いちご'
```

■ 要素の取り出し

▮ for in による要素の取り出し

辞書のキー要素が取り出される。

```
word = {'apple': 'りんご', 'orange': 'みかん', 'banana': 'バナナ'}
for key in word:
    print(key)
    print(word[key])
```

```
apple
りんご
orange
みかん
banana
バナナ
```

▌getメソッドによる要素の取り出し

word['orange']のような参照ができるが、ないキーを指定すると実行時エラーとなる。要素の取り出しはgetメソッドを使った方が安全である。ないキーを指定した場合は「None」を返す。

```
word = {'apple': 'りんご', 'orange': 'みかん', 'banana': 'バナナ'}
print(word.get('orange'))
print(word.get('melon'))
```

```
みかん
None
```

練習問題 **2-9-1** 辞書wordに月とその和風月名が入っている。検索したい月を入力して、対応する和風月名を表示しなさい。登録されていなければ「登録されていません」と表示しなさい。

```
word = {'1月': '睦月（むつき）',
        '2月': '如月（きさらぎ）',
        '3月': '弥生（やよい）',
        '4月': '卯月（うづき）'}

while (m := input('月？')) != '/':
    jpn =    ①
    if    ②    :
        print(jpn)
    else:
        print('登録されていません')
```

```
月？1月
睦月（むつき）
月？6月
登録されていません
月？/
```

練習問題　**2-9-2**　辞書にない場合はデータを登録しなさい。

```
while (m := input('月？')) != '/':
    jpn = word.get(m)
    if jpn != None:
        print(jpn)
    else:
        jpn = input('登録されていません。データを入力してください')
              ①
```

実行結果

```
月？1月
睦月（むつき）
月？5月
登録されていません。データを入力してください皐月（さつき）
月？5月
皐月（さつき）
月？/
```

■ クラスを辞書で代用する

例題 2-8-1 で使用した Person クラスを辞書で代用すると以下のようになる。

```
person = [ {'kanji': '河西', 'yomi': 'かさい', 'age': 17},
           {'kanji': '綾瀬', 'yomi': 'あやせ', 'age': 21},
           {'kanji': '山田', 'yomi': 'やまだ', 'age': 20},
           {'kanji': '井上', 'yomi': 'いのうえ', 'age': 16}]

print('あ行')
for p in person:
    if 'あ' <= p['yomi'] and p['yomi'] <= 'お':
        print(p['kanji'], p['yomi'], p['age'])
```

実行結果

```
あ行
綾瀬 あやせ 21
井上 いのうえ 16
```

2-10 ファイル処理

■ ファイル処理

　Colabを使用している場合、ファイル処理で行うファイルの格納場所は大きく分けて、作業中のノートブック、Googleドライブ、ローカルディスクの3種類である。ファイルが作業中のノートブックにある場合は直接ファイル操作できるが、ファイルがGoogleドライブまたはローカルディスクにある場合は、作業中のノートブックにアップロードしなければならない。ドライブをマウントして使うこともできる。

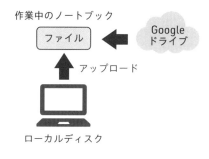

(図2.6) ファイル処理

■ ファイルへの読み書き

　組み込み関数のopenを使ってファイルをオープンする。

```
fw = open('ファイル名', 'w')
```

　オープンしたファイルオブジェクトfwに対し、writeでデータを書き込み、最後にcloseで閉じる。
　ファイルから読み込むときは'r'モード（省略可）でオープンし、readで一括して読み込む。

オープンモード	機能
r	読み取りモード
w	新規書き込みモード
a	追加モード

(表2.3) オープンモード

実行結果
```
apple
orange
```

```
fw = open('myfile.txt', 'w')
fw.write('apple¥n')
fw.write('orange¥n')
fw.close()

fr = open('myfile.txt', 'r')
txt = fr.read()
fr.close()
print(txt)
```

■ with文の使用

　ファイルの処理で利用したopen関数はPythonの組み込み関数で、デフォルトで
with文に対応している。このため、with文と共にopen関数を使うと、close処理
を置かなくても自動的にclose処理が行われる。

```
with open('myfile.txt', 'w') as fw:
    fw.write('apple¥n')
    fw.write('orange¥n')

with open('myfile.txt') as fr:
    txt = fr.read()
print(txt)
```

練習問題 2-10 コンソールから入力したデータをファイルに書き出す。デー
タの終わりは「/」とする。

```
with open('myfile.txt', 'w') as fw:
    while (a := input('data?')) != '/':
        ①     (a + '\n')

with open('myfile.txt') as fr:
    txt =   ②

print(txt)
```

実行結果
```
data?apple
data?orange
data?/
apple
orange
```

　書き込まれたファイルは、ノートブック上に作成されている。これをローカルディスクにダウンロードすることもできる。

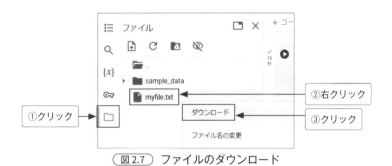

①クリック

②右クリック

③クリック

（図2.7） ファイルのダウンロード

■ ファイルのアップロード

　作業中のノートブックにない、ローカルディスクのファイルはアップロード処理をしてからファイル操作を行う。ファイルのアップロードはfilesライブラリをインポートし、uplpoadメソッドにより行う。

```
upload = files.upload()
```

　アップロードしたファイルのファイル名は、以下で取得できる。

```
fname = list(upload.keys())[0]
```

　以下は、ローカルディスクの「word.txt」をノートブックにアップロードし、内容を表示する。

```
from google.colab import files  # filesモジュールのインポート
upload = files.upload()
fname = list(upload.keys())[0] # ファイル名
with open(fname) as f:
    s = f.read()
    print(s)
print(txt)
```

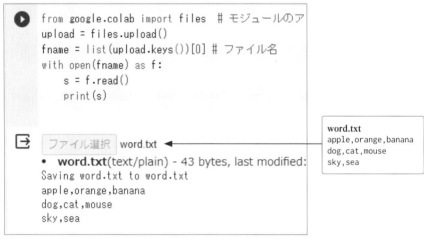

（図2.8）アップロードしたファイルの表示

　uploadメソッドを使わずに、ドラッグ&ドロップでノートブックにファイルをアップロードすることもできる。

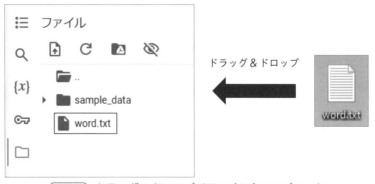

（図2.9）ドラッグ&ドロップでファイルをアップロード

2-11 ライブラリの活用

printやlenは組み込み関数なので、そのまま使える。組み込み関数以外の関数（メソッド）は、それが定義されているライブラリをインポートしてから使う。すでにmathライブラリを使っているが、ここではrandomライブラリとdatetimeライブラリを説明する。

■ randomライブラリ

randomライブラリは、乱数に関するライブラリである。サイコロを振ると1〜6のいずれかが出るが、どれかに偏って出るのではなくバラバラで規則性がない。これが乱数である。乱数は規則性がなくでたらめなほど優秀な乱数と言える。

random.randint(a,b)は、指定した範囲の整数の乱数を返す。

```python
import random
a = [random.randint(1, 6) for i in range(10)]
print(a)
```

実行結果

```
[5, 5, 6, 3, 3, 2, 3, 4, 6, 2]
```

random.choice(a)は、リストの中身をランダムに取得する。

```python
import random
girl = ['りほ', 'あゆみ', 'なぎさ', 'まゆ']
g1 = random.choice(girl)
print(g1)
```

実行結果

```
あゆみ
```

例題 **2-11-1** 乱数でカップルを決める

```
import random

boy = ['れん', 'がく', 'ただし', 'たける', 'はやと']
girl = ['あやか', 'まり', 'ひまり', 'はるか', 'ゆい']

b = random.randint(0,len(boy)-1)
g = random.randint(0,len(boy)-1)

print(f'カップルは {boy[b]:s} と {girl[g]:s}')
```

実行結果

カップルは れん と ひまり

練習問題 **2-11-1** 4W1Hで文章を作りなさい。choiceメソッドを使うこと。

```
import random

when = ['雨の日に', '暑い日に', '晴れた日に']
where = ['学校で', '公園で', 'コンビニで']
who = ['私が', 'ロボットが', '犬が']
what = ['アイスクリームを', 'お財布を', 'スマホを']
how = ['食べた', '拾った', 'ふんづけた']

for i in range(5):
    n1 =       ①
    n2 =       ②
    n3 = random.choice(who)
    n4 = random.choice(what)
    n5 = random.choice(how)
    print(f'{n1:s} {n2:s} {n3:s} {n4:s} {n5:s}')
```

実行結果

晴れた日に 学校で ロボットが スマホを 拾った
雨の日に 公園で 私が お財布を 食べた
雨の日に 公園で 私が スマホを ふんづけた
雨の日に 公園で 私が お財布を ふんづけた
雨の日に コンビニで ロボットが アイスクリームを 食べた

datetimeライブラリ

現在のシステム時間を「年月日時分秒」で取得するには、以下のようにする。

実行結果

```
import datetime
now = datetime.datetime.today()
print(now.year)
print(now.month)
print(now.day)
print(now.hour)
print(now.minute)
print(now.second)
```

```
2024
3
30
23
38
29
```

注 得られる日時はグリニッジ標準時なので、日本の日時は「+9時間」したものになる。

曜日を取得するには、weekdayメソッドを使う。0が月曜日であることに注意が必要である。

0：月曜日、1：火曜日、2：水曜日、3：木曜日、4：金曜日、5：土曜日、6：日曜日となる。

実行結果

```
import datetime
now = datetime.date.today()
print(now)
print(now.weekday())
```

```
2024-03-30
5
```

todayメソッドで現在時間オブジェクトを取得できたが、y年m月d日の時間オブジェクトは以下のように作る。

```
ymd = datetime.date(y, m, d)
```

このymdに対し、以下でy年m月d日の曜日(0〜6)を取得できる。

```
ymd.weekday()
```

> **例題 2-11-2** y、m、dの年月日データが与えられたとき、その日の曜日を表示する。

```
import datetime
weekname = ['月', '火', '水', '木', '金', '土', '日']
y, m, d = 2024, 4, 1
ymd = datetime.date(y, m, d)
print(f'{y:d}年{m:d}月{d:d}日は{weekname[ymd.weekday()]:s}曜日')
```

実行結果

2024年4月1日は月曜日

練習問題 **2-11-2** 　「2024,5,10」のようにカンマで区切って年、月、日を入力し、
その曜日を調べて表示する。入力データの終わりは「/」とする。

```
import datetime
weekname = ['月', '火', '水', '木', '金', '土', '日']
while (data := input('年,月,日?'))  ①  :
    s =    ②
    y = int(s[0])
    m = int(s[1])
    d = int(s[2])
    ymd = datetime.date(y, m, d)
    print(f'{y:d}年{m:d}月{d:d}日は{weekname[ymd.weekday()]:s}曜日')
```

実行結果

年,月,日?2024,5,10
2024年5月10日は金曜日
年,月,日?/

Chapter

3

Python での
グラフィックス

　プログラムをしていて、ワクワクするのは、視覚的に面白いものである。Python
は標準ではグラフィックス機能はないが、ライブラリを使うことでグラフィック処
理を行うことができる。

　方向と長さを与えて直線を引いていく形式のグラフィックスをタートルグラ
フィックスという。タートルグラフィックスは LOGO や UCSD Pascal で有名になっ
たもので、△形のカーソルをタートル（亀）にみたて、この亀に方向と長さを指定
して作画していくというものである。

　この章では、ColabTurtle というタートルグラフィックス・ライブラリを使用する。

3-1 | ColabTurtle（タートルグラフィックス・ライブラリ）

■ ColabTurtle ライブラリ

Colabでタートルグラフィックスを利用するには、ColabTurtleというライブラリを利用する（Pythonの標準ライブラリとは異なる）。このライブラリはMITライセンス が付与されたオープンソース・ソフトウェア（OSS）である。ColabTurtleを使用するには以下のコードを置く。

```
!pip3 install ColabTurtle
from ColabTurtle.Turtle import *
initializeTurtle(initial_speed=8)
width(2)
```

pipコマンドでColabTurtleライブラリをインストールし、ライブラリのすべてのクラスをインポートする。initializeTurtleでライブラリを初期化し使用できるようにする。引数のinitial_speedはタートルの移動スピード（1〜13：大きいほど早い）である。widthはペンの太さを指定する。

■ ColabTurtle の座標

ColabTurtleの座標は以下のように、画面の左上隅を座標原点(0,0)とする。y座標は下方向が正となる。通常の座標（数学で使う）とは逆になるので注意が必要である。デフォルトの画面サイズは800 × 500である。

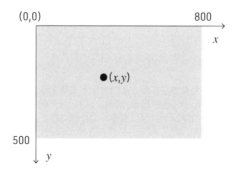

（図3.1）　ColabTurtleの座標

■ ColabTurtle のグラフィックス・メソッド

この章で使うメソッドは以下である。詳細は**付録の 9.7　ColabTurtle ライブラ**
リ参照。

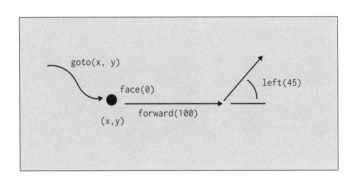

（図 3.2）　ColabTurtle のグラフィックス・メソッド

- penup／pendown

  ペンのアップ／ダウン。

- goto(x, y)

  タートルを (x,y) 位置に移動。

- face(angle)

  タートルの向きを設定。0: 右、90：下、180: 左、-90：上。

- forward(leng)

  タートルが向いている向きに leng ピクセル移動。

- left(angle)

  タートルの向きを angle° 反時計回りに回転。

注　「pip」は Python の命令文でなくシェルコマンドに属する。Colab ではシェルコマンド
を実行するために行頭に「!」を付ける。これにより、その行がコマンドとして解釈され、
シェルで実行される。コマンドはプログラムの先頭に置く。

3-2 ポリゴン（多角形）の描画

　開始点から右に200ピクセル進み、反時計方向に90°向きを回転し、200ピクセル進む。さらに90°向きを回転し、200ピクセル進む。さらに90°向きを回転し、200ピクセル進む。これで開始点に戻り、正4角形が描ける。

　開始点から右に200ピクセル進み、反時計方向に120°向きを回転し、200ピクセル進む。さらに120°向きを回転し、200ピクセル進む。これで開始点に戻り、正3角形が描ける。

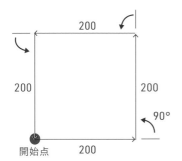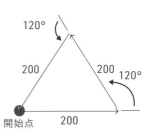

（図3.3）正4角形と正3角形の描画

例題 3-2 正4角形を描く。

実行結果

```
!pip3 install ColabTurtle
from ColabTurtle.Turtle import *
initializeTurtle(initial_speed=8)
width(2)

penup()
goto(200, 300)
pendown()
face(0)
for i in range(4):
    forward(200)
    left(90)
```

練習問題 **3-2** 正3角形を描きなさい。

実行結果

```
!pip3 install ColabTurtle
from ColabTurtle.Turtle import *
initializeTurtle(initial_speed=8)
width(2)

penup()
goto(200, 300)
pendown()
face(0)
for i in range( ① ):
    forward(200)
    left( ② )
```

3-3 | 渦巻き模様の描画

　ポリゴン（多角形）を描くところで説明したように、4角形を書くには90°回転した。この回転角度を少しずらした89°にし、さらに直線を引くたびに長さを「-1」していくと、渦巻き模様が描画できる。これを、回転角度や減らす長さを変えることで、**図3.5**のようないろいろな渦巻き模様が得られる。

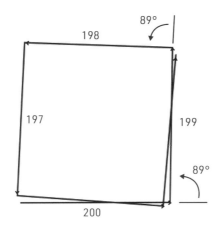

(図3.4) 渦巻き模様の描画

```
!pip3 install ColabTurtle
from ColabTurtle.Turtle import *
initializeTurtle(initial_speed=8)
width(2)

penup()
goto(200, 350)
pendown()
face(0)
leng = 200
while leng > 10:
    forward(leng)
    left(89)
    leng -= 1
```

73° 89° 100°

120°、減らす長さ「-4」 122°、減らす長さ「-2」 145°、減らす長さ「-2」

図3.5 いろいろな渦巻き模様

3-4 文字の描画

■ 一筆書きできる場合

「N」、「M」などの一筆書きできる英字を描く。左上隅を(0,0)とし、100 × 100 のサイズの中で各点の*x*、*y*座標をとる。データはリストx、yに格納する。最初の点はペンを上げて移動し、以後はペンを下げて移動する。

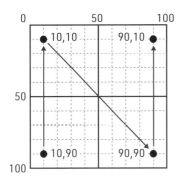 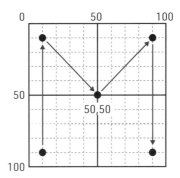

図 3.6　一筆書きできる文字の描画

例 題 3-4　一筆書きで「N」を描く。

実行結果

```
!pip3 install ColabTurtle
from ColabTurtle.Turtle import *
initializeTurtle(initial_speed=8)
width(2)

x = [10, 10, 90, 90]  # N
y = [90, 10, 90, 10]

for i in range(len(x)):
    if i == 0:
        penup()
    else:
        pendown()
    goto(x[i], y[i])
```

練習問題 **3-4-1** 一筆書きで「M」を描きなさい。

実行結果

```
!pip3 install ColabTurtle
from ColabTurtle.Turtle import *
initializeTurtle(initial_speed=8)
width(2)

x = [10, 10, 50, 90, 90]  # M
y = [           ①           ]

for i in range(len(x)):
    if i == 0:
        penup()
    else:
        pendown()
    goto(x[i], y[i])
```

■ 一筆書きできない場合

　「N」や「M」は一筆書きで描けたが、「A」は一筆書きできないので、工夫が必要になる。ここでは、負の値を開始点とする方法を説明する。フラグを使う方法は**4-2　データ化**参照。

練習問題 **3-4-2** 「A」を「∧」と「−」の2つに分割して考える。それぞれの開始点はペンを上げて移動しなければならない。開始点であるという目印に *x* 座標に負のデータを設定しておき、負なら開始点と判定し、座標データは正のデータにしてから使う。

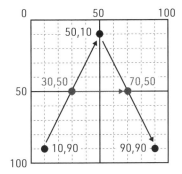

（図3.7） 一筆書きできない文字の描画

```
!pip3 install ColabTurtle
from ColabTurtle.Turtle import *
initializeTurtle(initial_speed=8)
width(2)

x=[-10, 50, 90, -30, 70]  # A
y=[90, 10, 90, 50, 50]

for i in range(len(x)):
    if   ①   :
        penup()
           ②
    else:
        pendown()
    goto(x[i], y[i])
```

Chapter

4

Pythonで学ぶ
プログラミング的思考

「プログラミング的思考」とは、ある問題を解決するための方法や手順をプログラミングの概念に基づいて考えることである。プログラミング的思考を支える5本柱として以下が考えられる。

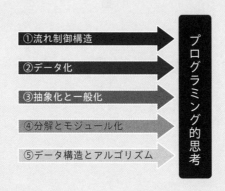

①流れ制御構造（組み合わせ）
②データ化
③抽象化と一般化
④分解とモジュール化
⑤データ構造とアルゴリズム

　プログラミングの入門者にとって、上に述べたことはなかなか理解するには難しい。この抽象的な概念は実際にプログラミングをしてみなければわからない。この章では、プログラミング的思考について Python を使ってかんたんに概略を説明する。

4-1 流れ制御構造（組み合わせ）

■ 基本的流れ制御構造

Pythonに限らず、多くのプログラミング言語において使用する基本的流れ制御
構造は以下の7種類である。これらを組み合わせてプログラムの骨格ができる。

①連接（順次）…sequence   ⑤後判定反復 …do while
②分岐（判断）…if else   ⑥多方向分岐 …elif または switch case
③所定回反復 …for   ⑦強制脱出   …break
④前判定反復 …while

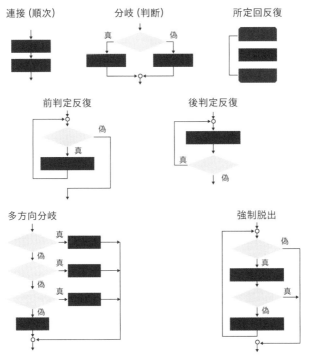

注 Pythonのfor in文はオブジェクトの取り出しを目的に作られているので、一般の言語
の所定回反復を行うにはrange関数と組み合わせる。

注 Pythonは後判定反復（do while）はサポートしない。多方向分岐はPython 3.10以後
match case文をサポートした。

（図4.1）基本的流れ制御構造

▌構造化プログラミング（structured programming）

1970年代にオランダのダイクストラ（E.W.Dijkstra)が提唱したプログラミングの方法論。構造化プログラミングは、明確なアルゴリズムとデータ構造の上に立って、問題をトップ・ダウンで機能分解し、連接（sequence）、判断（if else）、反復（while）といった、明確な制御構造だけを用いてプログラミング（gotoレスプログラミング）することにより、生産性と信頼性の高いプログラムを作成しようとするものである。CやPascalは構造化プログラミングを行いやすい言語として登場した。

■ forかwhileか

「1+2+3+…+99+100」の合計を求めるプログラムをforとwhileを使って書くと、以下のようになる。ダイクストラが言うようにwhileだけでもプログラムは作れるが、繰り返し回数が決まっている繰り返しはforの方が簡潔で機能的である。

- for版

```
s = 0
for n in range(1, 101):
    s += n
print(f'合計={s:d}')
```

- while版

```
s = 0
n = 1
while n <= 100:
    s += n
    n += 1
print(f'合計={s:d}')
```

■ do whileはどうする？

Pythonにはdo while文がない。do whileの代替えは無限ループとbreakを組み合わせる。Pythonでは真偽値（論理型）を予約語のTrueとFalseで表す。

```
while True:
    ...
    if 脱出条件:
        break
```

■ 1つの出口と2つの出口

　ダイクストラの構造化プログラミングでは、「1つの入り口と1つの出口」とういう考え方があり、関数の中でreturn文を1つにするという考え方がある。しかし、この考えにあまり固執せずケースバイケースで考えるべきである。「出口1つ版」と「出口2つ版」の2つの例で考えてみる。

　2変数の大きい方を返すmymaxは、「出口1つ版」では「m」という変数を使うので冗長になる。

```
# 出口1つ版
def mymax(a, b):
    if a > b:
        m = a
    else:
        m = b
    return m
```

```
# 出口2つ版
def mymax(a, b):
    if a > b:
        return a
    else:
        return b
```

　これに対し、絶対値を求めるmyabsは「出口1つ版」の方がコンパクトになる。

```
# 出口1つ版
def myabs(a):
    if a < 0:
        a = -a
    return a
```

```
# 出口2つ版
def myabs(a):
    if a < 0:
        return -a
    else:
        return a
```

4-2 データ化

プログラムでは、いろいろなデータを扱う。実社会で扱うデータには様々なものがある。こうした各種データをプログラムで扱う場合に、どのようにデータ化するかは重要である。

■ 主に使うデータ型

格納するデータが1つなら変数を使えば良いが、大量のデータは変数に納めることはできないのでリストを使う。型の違う（数値型や文字列型）データはクラスを使う。

①変数

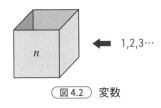

n ← 1,2,3…

（図4.2） 変数

②リスト

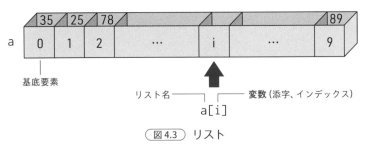

a

基底要素

リスト名 ── ── 変数（添字、インデックス）

a[i]

（図4.3） リスト

③クラス

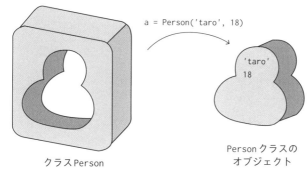

```
a = Person('taro', 18)
```

'taro'
18

クラス Person　　　　　　　　　Person クラスの
　　　　　　　　　　　　　　　オブジェクト

（図 4.4） クラス

■ フラグの導入

3-4 文字の描画で、「A」のように一筆書きできない場合に負値を用いる方法を示した。ここでは、一筆書きできる直線群ごとに区別するために、新たに始点フラグ f を導入する。直線群の開始なら「1」、そうでないなら「0」を格納する。フラグ（flag）は旗という意味で、旗の上げ（1）、下げ（0）で状態を示す。

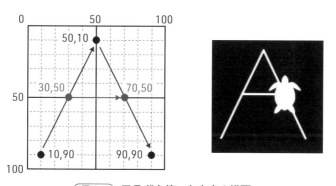

（図 4.5） フラグを使った文字の描画

> 例 題 **4-2** 始点フラグ f を用いて「A」を描く。

```
!pip3 install ColabTurtle
from ColabTurtle.Turtle import *
initializeTurtle(initial_speed=8)
```

右余白縦書き：4　Python で学ぶプログラミング的思考

159

```
width(2)

f = [ 1,  0,  0,  1,  0]  # 始点フラグ
x = [10, 50, 90, 30, 70]  # A
y = [90, 10, 90, 50, 50]

for i in range(len(x)):
    if f[i] == 1:
        penup()
    else:
        pendown()
    goto(x[i], y[i])
```

■ クラスの導入

　クラスを導入することにより、始点フラグfとx、y座標データをまとめて管理する。クラスを使わずにタプルを使うこともできる。173ページ参照。

練習問題 **4-2** 始点フラグfとx、y座標データを属性とするクラスPを定義しなさい。クラスPを用いて「**A**」を描きなさい。

```
!pip3 install ColabTurtle
from ColabTurtle.Turtle import *
initializeTurtle(initial_speed=8)
width(2)

class P:
    def __init__(self, f, x, y):
        self.f = f
        self.x = x
        self.y = y

p = [P(1, 10, 90), P(0, 50, 10), P(0, 90, 90),
     P(1, 30, 50), P(0, 70, 50)]

for i in range(len(p)):
    if [    ①    ]:
        penup()
    else:
        pendown()
    goto([    ②    ])
```

4-3 抽象化と一般化

■ 「n個の点群を結ぶ」問題に抽象化する

物事の共通部分を抽出してデータ化する。たとえば、多角形を描く、文字を描くという処理は「n個の点群を結ぶ」という問題に抽象化する。

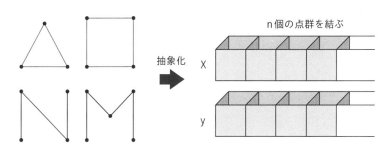

図4.6　抽象化

■ 「n角形を描く」問題に一般化する

3角形、4角形、5角形を描くという問題は、個々の角数で扱うのでなく、n角形を描くという問題に一般化する。**0-3　プログラミング的思考を身に付けるには**を参照。

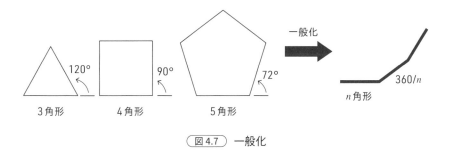

図4.7　一般化

例 題 **4-3-1** 3角形～20角形までを描く。

実行結果

```
!pip3 install ColabTurtle
from ColabTurtle.Turtle import *
initializeTurtle(initial_speed=8)
width(2)

penup()
goto(200, 300)
pendown()
face(0)
for n in range(3, 21):
    for i in range(n):
        forward(40)
        left(360.0 / n)
```

■ 関数化する

よく使う機能は関数として定義しておき、必要により呼び出して使うと便利である。

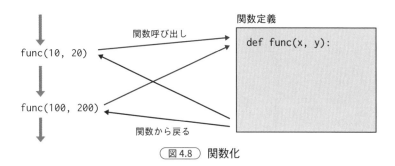

（図4.8） 関数化

例 題 **4-3-2** 開始点 (x, y)、辺の長さ $(leng)$、角数 (n) を与えて n 角形を描く関数 polygon(x, y, leng, n) を作る。

実行結果

```
!pip3 install ColabTurtle
from ColabTurtle.Turtle import *
initializeTurtle(initial_speed=8)
width(2)

def polygon(x, y, leng, n):
    penup(); goto(x, y)
    pendown(); face(0)
    for i in range(n):
        forward(leng)
        left(360.0 / n)

polygon(100, 150, 100, 3)
polygon(250, 150, 80, 4)
polygon(400, 150, 60, 5)
```

4

Pythonで学ぶプログラミング的思考

練習問題 **4-3-1** 練習問題4-2を関数化しなさい。draw(px, py, p) の呼び出しで (px, py) 位置に p の文字を描く関数 draw とする。

```
!pip3 install ColabTurtle
from ColabTurtle.Turtle import *
initializeTurtle(initial_speed=8)
width(2)

class P:
    def __init__(self, f, x, y):
        self.f = f # 始点フラグ
        self.x = x
        self.y = y

def ┌─── ① ───┐:    # px,py位置にpの文字を描く
    for i in range(len(p)):
        if ┌── ② ──┐:
            penup()
```

```
        else:
            pendown()
        goto(px+p[i].x, py + p[i].y)

A = [P(1, 10, 90), P(0, 50, 10), P(0, 90, 90),
     P(1, 30, 50), P(0, 70, 50)]

draw(50, 50, A)
draw(150, 50, A)
```

実行結果

練習問題 4-3-2 練習問題4-3-1と同様に「山下」の文字を描きなさい。

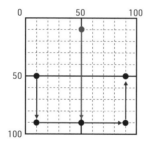 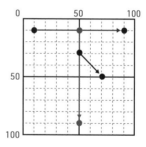

```
!pip3 install ColabTurtle
from ColabTurtle.Turtle import *
initializeTurtle(initial_speed=8)
width(2)

class P:
    def __init__(self, f, x, y):
        self.f = f # 始点フラグ
        self.x = x
        self.y = y

def draw(px, py, p):   # px,py位置にpの文字を描く
    for i in range(len(p)):
```

```
        if p[i].f == 1:
            penup()
        else:
            pendown()
        goto(px+p[i].x, py + p[i].y)

yama = [P(1, 10, 50), P(0, 10, 90), P(0, 90, 90),        ①        ,
        P(1, 50, 10), P(0, 50, 90)]

sita = [            ②            ,
        P(1, 50, 10), P(0, 50, 90),
        P(1, 50, 30), P(0, 70, 50)]

draw(50, 50, yama)
draw(150, 50, sita)
```

実行結果

Python で学ぶプログラミング的思考

4-4 分解とモジュール化

　複雑な問題は、解決できる小さな問題に分解することで、問題を解決しやすくする。たとえば、グラフィックス処理を行う場合を考えてみよう。基本的な機能（setpoint、move、turnなど）に分解してそれぞれを関数化する。これらをまとめてモジュール化しておき、必要に応じて各メインモジュールからインポートして使う。

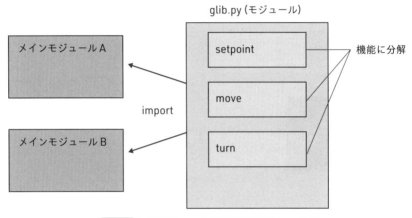

（図 4.9）グラフィックス処理のモジュール化

　ColabTurtle をベースにして独自のグラフィック・ライブラリ glib.py を作成する。

■ デカルト座標と ColabTurtle の座標

　ColabTurtle の座標は、画面の左上隅を原点（0,0）とし、y座標は下方向が正である。ColabTurtle の画面サイズを $W \times H$ としたとき、デカルト座標（数学の座標）の (x, y) を ColabTurtle の座標 (px, py) に変換するには、以下のような変換式を使う。

```
px = x + W/2
py = H/2 - y
```

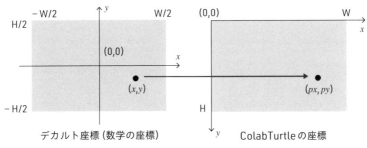

図 4.10　座標の変換

■ グラフィックス・メソッドの定義（機能分解）

ColabTurtle の penup、pendown、goto などのメソッドを使って、以下のメソッドを定義する。setpoint と moveto はデカルト座標の (x, y) を ColabTurtle の座標の (px, py) に変換して移動する。

- ginit(w, h)

  画面サイズを $w \times h$、描画スピードを13、タートルを非表示、ペンサイズを2、描画色を青、背景色を白に設定する。

- setpoint(x, y)

  (x, y) 位置にペンを上げて移動。

- moveto(x, y)

  (x, y) 位置にペンを下げて移動。

- line(x1, y1, x2, y2)

  $(x1, y1)$-$(x2, y2)$ 間に直線を描く。

■ グラフィックス・ライブラリ glib.py

以上を定義したグラフィックス・ライブラリ glib.py は以下のようになる。

- プログラム「glib.py（グラフィックス・ライブラリ）」

```
# -----------------------------
# * Graphics Libary for Colab *
# -----------------------------
```

```
from ColabTurtle.Turtle import *

W, H = 800, 500

def ginit(w, h):
    global W, H
    W, H = w, h
    initializeTurtle(initial_window_size=(w, h),initial_speed=13)
    hideturtle()
    width(2)
    bgcolor('white')
    color('blue')

def setpoint(x, y):
    penup()
    goto(x + W/2, H/2 - y)

def moveto(x, y):
    pendown()
    goto(x + W/2, H/2 - y)

def line(x1, y1, x2, y2):
    setpoint(x1, y1)
    moveto(x2, y2)
```

注 ライブラリ化するモジュールにはコメントも含めて日本語を使えない。

■ ライブラリをモジュール化する方法

グラフィックス・ライブラリ（glib.py）をモジュール化するには、テキストエディタを使ってライブラリのソースコードを作成し、拡張子を「.py」で保存。文字コードはUTF-8とする。

このライブラリを使用するには、作成しているノートブックに以下のコードでアップロードする。なお、ライブラリに「!pip」コマンドを含めることはできない。

```
from google.colab import files  # モジュールのアップロード
upload = files.upload()
import glib
```

ノートブックを実行すると「ファイル選択」ボタンが表示されるのでクリックし、作成した「glib.py」を選択すれば良い。

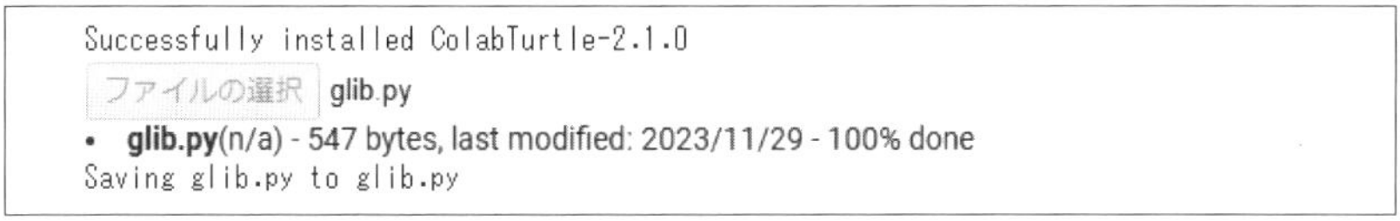

```
Successfully installed ColabTurtle-2.1.0
ファイルの選択 glib.py
• glib.py(n/a) - 547 bytes, last modified: 2023/11/29 - 100% done
Saving glib.py to glib.py
```

（図 4.11） ライブラリのアップロード

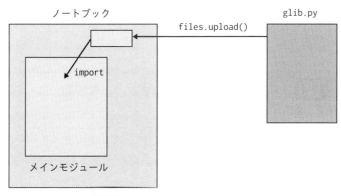

（図 4.12） ライブラリのモジュール化

glib.py を利用した例

例題 4-4 x 軸と y 軸を表示し、(-100,-100)-(100,100)間に直線を描く。

```python
!pip3 install ColabTurtle

import math
from google.colab import files  # モジュールのアップロード
upload = files.upload()
import glib

glib.ginit(800, 400)
glib.line(-400, 0, 400, 0)
glib.line(0, 200, 0, -200)
glib.setpoint(-100, -100)
glib.moveto(100, 100)
```

実行結果

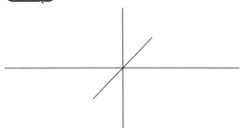

練習問題 **4-4** $y=\sin(x)$のグラフを描きなさい。sinの値は-1〜1なので、150倍した値をy座標とする。

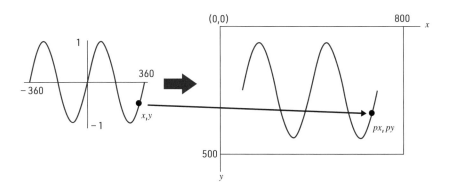

```
!pip3 install ColabTurtle

import math
from google.colab import files  # モジュールのアップロード
upload = files.upload()
import glib

glib.ginit(800, 500)
for x in range(-360, 361, 4):
    y = 150 * math.sin(math.radians(x))
    if x == -360:
        glib.[    ①    ]
    else:
        glib.[    ②    ]
```

4-5 データ構造とアルゴリズム

コンピュータを使った処理では、大量のデータを扱うことが多い。この場合、取り扱うデータをどのようなデータ構造（data structure）にするかで、問題解決のアルゴリズムが異なってくる。

『Algorithms + Data Structures = Programs（アルゴリズム + データ構造 = プログラム）』（N. Wirth著）という書名にもなっているように、データ構造とアルゴリズムは密接な関係にあり、よいデータ構造を選ぶことが、よいプログラムを作ることにつながる。データ構造として、スタック、リスト、木、グラフなどがある。スタックについては、**7-11 ハノイの塔のシミュレーション**参照。

一定の手順で、木のすべてのノード（節点）を訪れることを木の走査（トラバーサル：traversal）と呼ぶ。**図4.13**は、左のノードへ行けるだけ進み、端に来たら1つ前の親に戻って右のノードに進み…と同じことを繰り返すものである。行けるだけ進むという処理は再帰呼び出しで実現できる。

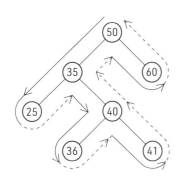

・通りがけ順（中順）
　① 左の木を走査する再帰呼び出し
　② ノードの表示
　③ 右の木を走査する再帰呼び出し

——→ は再帰呼び出し

----→ は再帰からのリターン

注 再帰については**第6章**を参照。

(図4.13) 木の走査

上の場合、表示されるデータは25、35、36、40、41、50、60とちょうど小さい順に並ぶ。右の木の走査と左の木の走査を逆にすれば、大きい順に並ぶ。

図4.14のようなleft、node、rightで示される二分探索木を通りがけ順に走査すると、①〜⑧の順にノードが表示される。結果は辞書順に表示されることになる。

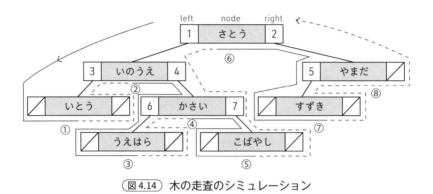

（図4.14）木の走査のシミュレーション

例題　4-5　リストaに格納されている二分探索木を、左の木から通りがけ順に走査する。

実行結果

```
class Person:
    def __init__(self, left, node, right):
        self.left = left
        self.node = node
        self.right = right

nil = -1
a = [Person(  1, 'さとう',      2),
     Person(  3, 'いのうえ',    4),
     Person(  5, 'やまだ',    nil),
     Person(nil, 'いとう',    nil),
     Person(  6, 'かさい',      7),
     Person(nil, 'すずき',    nil),
     Person(nil, 'うえはら', nil),
     Person(nil, 'こばやし', nil)]

def treewalk(p):
    if p != nil:
        treewalk(a[p].left)
        print(a[p].node)
        treewalk(a[p].right)

treewalk(0)
```

```
いとう
いのうえ
うえはら
かさい
こばやし
さとう
すずき
やまだ
```

> 練習問題 4-5 例題4-5を右の木から走査しなさい。

実行結果

```
やまだ
すずき
さとう
こばやし
かさい
うえはら
いのうえ
いとう
```

4

Pythonで学ぶプログラミング的思考

```python
class Person:
    def __init__(self, left, node, right):
        self.left = left
        self.node = node
        self.right = right

nil = -1
a = [Person( 1, 'さとう',      2),
     Person( 3, 'いのうえ',    4),
     Person( 5, 'やまだ',     nil),
     Person(nil, 'いとう',     nil),
     Person( 6, 'かさい',      7),
     Person(nil, 'すずき',    nil),
     Person(nil, 'うえはら', nil),
     Person(nil, 'こばやし', nil)]

def treewalk(p):
    if p != nil:
        treewalk(    ①    )
        print(a[p].node)
        treewalk(    ②    )

treewalk(0)
```

クラスを使わずにタプルを使えば以下のように書くこともできる。汎用性や分かりやすさではクラス、コンパクト性や処理スピードではタプルということになる。

```python
nil = -1
a = [(  1, 'さとう',      2),
     (  3, 'いのうえ',    4),
     (  5, 'やまだ',     nil),
     (nil, 'いとう',     nil),
     (  6, 'かさい',      7),
     (nil, 'すずき',    nil),
     (nil, 'うえはら', nil),
     (nil, 'こばやし', nil)]
```

```
def treewalk(p):
    if p != nil:
        treewalk(a[p][0])
        print(a[p][1])
        treewalk(a[p][2])

treewalk(0)
```

プログラミング的
思考の実践①
〜かんたんなプログラム

　プログラミング的思考の手始めとして、以下の5つの数字の中で一番大きいもの
を探すという問題を考えてみよう。

５３２８６

　人間なら5つくらいの範囲なら一目で「8」が一番大きいとわかる。しかし、デー
タが100個にもなったら、わからない。

　さて、プログラミング的思考で考えるとどうなるか。

　①最初のデータ「5」を最大（Max）と仮定する。

　②2番目のデータ以後について、今までの最大（Max）より大きいデータがあれば、
　　Maxをそのデータで更新する。

といった手法が考えられる。この章では、様々なジャンルからプログラミング初心
者にもかんたんに理解でき、興味がわく単品プログラムを用意した。

　第7章で示す、伝統的なアルゴリズムを学習する前のウォーミングアップとして、
比較的かんたんで興味のわける内容で「プログラミング的思考」を学ぶ。

5-1 | 最大値と最小値

最大値を求めるアルゴリズムは以下である。

①最初のデータa[0]を最大とし、Maxの初期値とする。

②2番目のデータ以後について、今までのMaxより大きいデータがあれば、Max
をそのデータで更新する。

	0	1	2	3	4	5	6	7	8	9
a	35	25	78	43	80	65	70	95	25	89

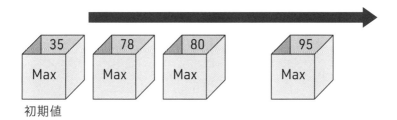

初期値

（図 5.1） 最大値を求める

注 変数名にMaxを使っているのは、Pythonの組み込み関数にmaxがあり、名前の衝突を避
けるためである。先頭大文字はクラス名に使う慣習なので、スネークケースでmax_
valueなどとする方法もあるが、初心者のタイピング量を減らすという点から変数名は
短くMaxとした。付録の2.2 識別子参照。

例 題 5-1 リストaの中で最大なものを探す。

実行結果

最大=95

```
a = [35, 25, 78, 43, 80, 65, 70, 95, 25, 89]
Max = a[0]
for i in range(1, len(a)):
    if a[i] > Max:
        Max = a[i]
print(f'最大={Max:d}')
```

右側縦書き：

5

プログラミング的思考の実践①〜かんたんなプログラム

練習問題 **5-1** リスト a の中から最小値を求めなさい。

実行結果

最小=25

```
a = [35, 25, 78, 43, 80, 65, 70, 95, 25, 89]
Min = a[0]
for i in range(1, len(a)):
    if        ①        :
        Min = a[i]
print(f'最小={Min:d}')
```

5-2 | ピタゴラスの定理

直角3角形の各辺 a、b、c（斜辺）に対し、「$c^2=a^2+b^2$」が成り立つことをピタゴラスの定理と呼ぶ。この3つの整数 $(a、b、c)$ の組をピタゴラス数と呼ぶ。

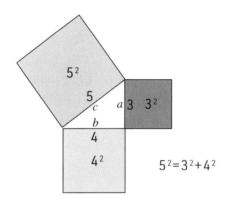

$$5^2=3^2+4^2$$

（図 5.2） ピタゴラスの定理

参考 | ピタゴラス（Pythagoras）

紀元前500年頃の古代ギリシヤの数学者。宇宙のすべては人間の主観ではなく数の法則に従うのであり、数字と計算によって解明できるという思想を確立した。中学で習うピタゴラスの定理（三平方の定理）が有名である。ピタゴラスの名前を冠したピタゴラスイッチは、2002年4月9日からNHK教育テレビ（Eテレ）で放送されている幼児向けのテレビ番組である。

例題 **5-2** 　調べる最大整数を N とした場合、辺 a、b、c（斜辺）に関し1〜N の総当たりで調べれば、ピタゴラス数を求めることができる。

実行結果

```
N = 100
for c in range(1, N + 1):
    for b in range(1, N + 1):
        for a in range(1, N + 1):
            if c * c == a*a + b*b:
                print(a, b, c)
```

```
4  3  5              65 72 97
3  4  5              96 28 100
8  6  10      …      80 60 100
6  8  10             60 80 100
12 5  13             28 96 100
```

練習問題　5-2　a、b、cを1～Nの総当たりで調べた場合、繰り返し回数がN × N × Nとなり効率が悪い。この方法ではさらに、「3、4、5」と「4、3、5」といった同じ組み合わせのものが重複する。そこで、斜辺をcとした場合に、「$a \leqq b \leqq c$」の関係にあることを利用して、繰り返し回数を減らし、重複を避ける。最小のピタゴラ数は「$a=3$、$b=4$、$c=5$」なので繰り返しの初期値も「1」から変える。

実行結果

```
N = 100
for c in range(5, [ ① ]):
    for b in range(4, [ ② ]):
        for a in range(3, [ ③ ]):
            if c * c == a*a + b*b:
                print(a, b, c)
```

```
3  4  5              35 84 91
6  8  10             57 76 95
5  12 13      …      65 72 97
9  12 15             60 80 100
8  15 17             28 96 100
```

5-3 シーザー暗号

太平洋戦争で日本が負けたのは、物量で圧倒的に差があったことはもちろんであるが、日本の暗号電がアメリカ軍に傍受、解読され日本軍の軍事行動がすべてバレていたことも大きいとされている。第三者に秘密にしておきたい文章は暗号化する必要がある。

シーザー暗号は元の文字をアルファベットの1つ前の文字に置き換えた暗号である。たとえば「cat」を暗号化すると「c」の1つ前の文字は「b」、「a」の1つの前の文字はないので、ぐるっと回って「z」、「t」の1つ前の文字は「s」なので「bzs」となる。古代ローマのガイウス・ユリウス・カエサル（シーザー）が使用したことから、この名称がついた。ずらす文字は1文字に限らず何文字ずらしても良いし、ずらす方向を後ろにしても良い。

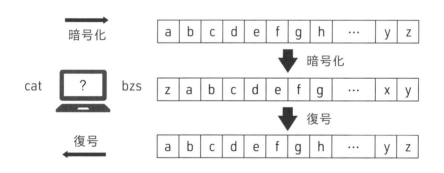

（図5.3）暗号化と復号

例題 5-3 angoの文字をシフト幅shiftで解読する。解読は英小文字に限定し、それ以外はそのままの文字とする。

```python
ango = 'ayr+BME'
result = ''
shift = 2  # 移動幅
for alpha in ango:
    if alpha.islower():
        base = ord('a')
        result += chr((ord(alpha) - base + shift) % 26 + base)
    else:
        result += alpha
print(result)
```

実行結果

```
cat+BME
```

練習問題 5-3 例題5-3を英大文字にも対応しなさい。

```python
ango = 'ayr+BME'
result = ''
shift = 2  # 移動幅
for alpha in ango:
    if alpha.isalpha():
        if alpha.islower():  # 小文字か大文字かでbaseを設定
            base =  ①
        else:
            base =  ②
        result += chr((ord(alpha) - base + shift) % 26 + base)
    else:
        result += alpha
print(result)
```

実行結果

```
cat+DOG
```

5-4 相性占い

■ 相性度の計算

2021年生まれの赤ちゃんの名前ベスト1は、男の子は「蓮」、女の子は「陽葵」だそうである。二人の相性度を計算してみよう。boyとgirlに二人の名前が入っている。二人の名前を結合したものをcoupleとし、先頭から文字コードを取り出して加算する。合計値を101で割った余り（0〜100）を相性度とする。

	0	1	2	3	4	5	6
couple	鈴	木	蓮	佐	藤	陽	葵
	37428	26408	34030	20304	34276	38525	33909

合計

224880 % 101 54

（図5.4）相性度の計算

> 例題 **5-4** boyとgirlの名前の文字コードを合計し、**101**で割った余りを相性度とする。

```python
boy = '鈴木蓮'
girl = '佐藤陽葵'
couple = boy + girl
love = 0
for i in range(len(couple)):
    love += ord(couple[i])
love = love % 101
print(f'{boy:s}と{girl:s}の相性度{ love:d}%')
```

実行結果

鈴木蓮と佐藤陽葵の相性度54%

練習問題 5-4 相性度loveの値に応じて、「love>80」なら「ばっちり」、「80
≧love>60」なら「そこそこ」、「love≦60」なら「やめたら」という判定メッ
セージを表示しなさい。

```
boy = '鈴木蓮'
girl = '佐藤陽葵'
couple = boy + girl
love = 0
for i in range(len(couple)):
    love += ord(couple[i])
love = love % 101
if         ①        :
    msg = 'ばっちり'
elif        ②       :
    msg = 'そこそこ'
else:
    msg = 'やめたら'
print(f'{boy:s}と{girl:s}の相性度{love:d}%')
print(msg)
```

実行結果

```
鈴木蓮と佐藤陽葵の相性度54%
やめたら
```

　この例で分かる通り、占いというものは科学的根拠がないものが多いものである。

5-5 | 10進数→2進数への変換

■ 2進数

5本の指を使えば、通常は1〜10まで数えられる。

（図5.5） 5本の指で数える10進数

ところが、2進数という概念を使えば5本の指で0〜31まで数えられることになる。

10進数では一の位、十の位、百の位、などと各桁ごとにその位の値の単位がある。これを桁の重みといい、10進数では$10^0=1$、$10^1=10$、$10^2=100$、$10^3=1000$、…が桁の重みとなる。2進数の各桁の重みは最下位ビットより、$2^0=1$、$2^1=2$、$2^2=4$、$2^3=8$、$2^4=16$、$2^5=32$、$2^6=64$、…となる。そこで、親指に「$2^0=1$」、人差し指に「$2^1=2$」、中指に「$2^2=4$」、薬指に「$2^3=8$」、小指に「$2^4=16$」の重みを与える。

（図5.6） 5本の指で数える2進数

指が立っているところを2進数の「1」、立っていないところを2進数の「0」で表す。たとえば、薬指と親指が立っている場合は2進数で「01001」と表す（図5.7の9番目）。「1」の立っている指の重みを足した「8+1=9」が対応する10進数である。27番目は「11011」で「16+8+2+1=27」となる。

	小指	薬指	中指	人指	親指
0	0	0	0	0	0
1	0	0	0	0	1
2	0	0	0	1	0
3	0	0	0	1	1
4	0	0	1	0	0
5	0	0	1	0	1
6	0	0	1	1	0
7	0	0	1	1	1

	小指	薬指	中指	人指	親指
8	0	1	0	0	0
9	0	1	0	0	1
10	0	1	0	1	0
11	0	1	0	1	1
12	0	1	1	0	0
13	0	1	1	0	1
14	0	1	1	1	0
15	0	1	1	1	1

	小指	薬指	中指	人指	親指
16	1	0	0	0	0
17	1	0	0	0	1
18	1	0	0	1	0
19	1	0	0	1	1
20	1	0	1	0	0
21	1	0	1	0	1
22	1	0	1	1	0
23	1	0	1	1	1

	小指	薬指	中指	人指	親指
24	1	1	0	0	0
25	1	1	0	0	1
26	1	1	0	1	0
27	1	1	0	1	1
28	1	1	1	0	0
29	1	1	1	0	1
30	1	1	1	1	0
31	1	1	1	1	1

図5.7　指と2進数・10進数の対応

10進数から2進数への変換

10進数を2進数に変換するには、10進数を2で割った余りを最下位桁にし、商を
さらに2で割った余りを次の桁にすることを繰り返し、商が0になるまで続ける。

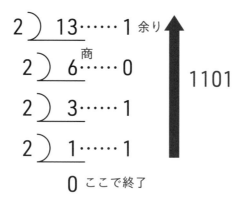

図5.8　10進数から2進数への変換

　たとえば、13の場合、13を2で割ると商の6と余り1になる。次に6を2で割る
と商の3と余り0になる。これを繰り返し、商が0になったら終了となる。結果は、
余りを下から並べた「1101」が求める2進数である。

例題 5-5 xの値を2進表現のビットパターンで表示する。

実行結果

```
1101
```

```
x = 13
binary = ''
while x != 0:
    binary = str((x % 2)) + binary
    x = x // 2
print(binary)
```

練習問題 5-5 例題5-5では、xが0の場合は何も表示されずうまくいかない。
0の場合も「0」と表示できるようにしなさい。

実行結果

```
0
```

```
x = 0
if   ①   :
    binary =   ②
else:
    binary =   ③
while x != 0:
    binary = str((x % 2)) + binary
    x = x // 2
print(binary)
```

5-6 フィボナッチ数列

イタリアの数学者フィボナッチ（Fibonacci）が1202年に著した「算盤の書」の中で、ウサギの増殖問題に関する次のような記述がある。

「1つがいの子ウサギがいる。この子ウサギは1か月後に親ウサギとなりその1か月後に1つがいの子ウサギを産む。どのつがいも死なずにこの増殖を繰り返していくと12か月後には233つがいになる。」

これがフィボナッチ数列である。フィボナッチ数列のn項は「n-2項 ＋ n-1項」の関係がある。たとえば以下の数列中の「34」はその前の「21」とさらに前の「13」を足した数になっている。

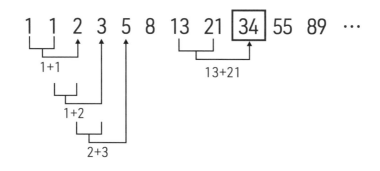

図5.9 フィボナッチ数列

例題 5-6 フィボナッチ数列をリスト fibo に求める。

```
N = 20
fibo = [0 for i in range(N)]
fibo[0] = fibo[1] = 1
for i in range(2, N):
    fibo[i] = fibo[i - 2] + fibo[i - 1]
print(fibo)
```

実行結果

```
[1, 1, 2, 3, 5, 8, 13, 21, 34, 55, 89, 144, 233, 377, 610, 987, 1597, ⏎
2584, 4181, 6765]
```

練習問題 **5-6** フィボナッチ数列を求める関数fibを作りなさい。fib(n)で
第*n*項のフィボナッチ数を求める。リストは使わず、変数a、bで*n*項の値と
*n+1*項の値を表すものとする。

実行結果

```
def fib(n):
    a, b = 1, 1
    for k in range(3, n + 1):
        dummy = b
          ①
        a = dummy
    return b

for n in range(1, 21):
    print(f'{n:3d}:{    ②    :5d}')
```

1:	1
2:	1
3:	2
4:	3
5:	5
6:	8
7:	13
8:	21
9:	34
10:	55
11:	89
12:	144
13:	233
14:	377
15:	610
16:	987
17:	1597
18:	2584
19:	4181
20:	6765

　フィボナッチ数列は、貝の殻の巻き方や植物における枝や花の配置などの自然界
におけるいろいろな並びに関係している。長さ1の正方形から初めて、フィボナッ
チ数列の正方形を並べて行く。長方形の中にあるそれぞれの正方形の角を滑らかに

189

結んでいくと、螺旋形が現れる。この形状は、アンモナイトやオウムガイの殻の形状と似たものになっている（**図5.10**）。

　図5.11は、枝の枝分かれにフィボナッチ数列を適用したものである。新しく伸びた枝はもう一度同じ方向に1本伸び、次の伸び以後は2枝に分かれる。枝分かれは、元の枝に対し右への枝分かれと左への枝分かれを交互に繰り返す。

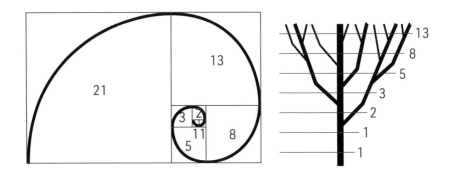

（図5.10）殻のフィボナッチ数列　　　（図5.11）枝のフィボナッチ数列

参　考　｜　フィボナッチ（Fibonacci）

　1200年前後のイタリアの数学者。フィボナッチ数列は株やFXなどの相場の世界でも応用されている。フィボナッチ・タイムゾーンは1、2、3、5、8、13、21、34とフィボナッチ数列の間隔に株価チャートに垂直線を引くテクニカル分析である。

5-7 | 干支の算出

■ 十二支の算出方法

十二支と干支（えと）を混同している場合が多い。私は「寅」年生まれなどと、「子・丑・寅・卯・辰・巳・午・未・申・酉・戌・亥」の十二支でいうことが多いが、これは干支（えと）とは異なる。十二支に「甲・乙・丙・丁・戊・己・庚・辛・壬・癸」の十干を合わせて十干十二支（じっかんじゅうにし）といい、略して干支（えと）と呼ぶ。2024年の干支は「甲辰（きのえたつ）」である。十干十二支の「10」と「12」の最小公倍数の60で同じ干支に戻るので、これを「還暦」という。

西暦から干支を調べるプログラムを考えてみよう。

西暦 y 年から十二支を求めるための変換式は以下である。

$(y+8)\ \%\ 12$

この値が「0」なら「子」、「1」なら「丑」…「11」なら「亥」となる。たとえば、2000年は、$(2000+8)\ \%\ 12$ は「4」となり「辰」である。

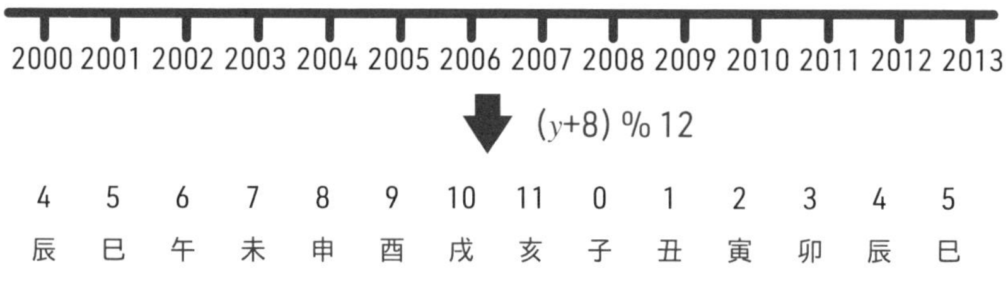

| 2000 | 2001 | 2002 | 2003 | 2004 | 2005 | 2006 | 2007 | 2008 | 2009 | 2010 | 2011 | 2012 | 2013 |

$(y+8)\ \%\ 12$

| 4 | 5 | 6 | 7 | 8 | 9 | 10 | 11 | 0 | 1 | 2 | 3 | 4 | 5 |
| 辰 | 巳 | 午 | 未 | 申 | 酉 | 戌 | 亥 | 子 | 丑 | 寅 | 卯 | 辰 | 巳 |

	0	1	2	3	4	5	6	7	8	9	10	11
十二支	子	丑	寅	卯	辰	巳	午	未	申	酉	戌	亥

（図 5.12）十二支の算出

■ 十干の算出方法

同様に西暦 y 年から十干を求めるための変換式は以下である。

$(y+6)\ \%\ 10$

この値が「0」なら「甲」、「1」なら「乙」…「9」なら「癸」となる。2000年は、(2000+6) % 10 は「6」となり「庚」である。

	0	1	2	3	4	5	6	7	8	9
十干	甲 きのえ	乙 きのと	丙 ひのえ	丁 ひのと	戊 つちのえ	己 つちのと	庚 かのえ	辛 かのと	壬 みずのえ	癸 みずのと

（表 5.1）　十干の算出

例 題　5-7　y年の干支を調べて表示する。

実行結果

```
jyuunisi = '子丑寅卯辰巳午未申酉戌亥'
jikkan = '甲乙丙丁戊己庚辛壬癸'

y = 2023
i = (y + 6) % 10
j = (y + 8) % 12
print(f'{y:d}年は{jikkan[i]:s}{jyuunisi[j]:s}')
```

2023年は癸卯

練習問題　5-7　西暦を入力して干支を表示しなさい。データの終わりは「-1」とする。

実行結果

```
jyuunisi = '子丑寅卯辰巳午未申酉戌亥'
jikkan = '甲乙丙丁戊己庚辛壬癸'
while True:
    y = [      ①      ]
    if [   ②   ]:
        break
    i = (y + 6) % 10
    j = (y + 8) % 12
    print(f'{y:d}年は{jikkan[i]:s}{jyuunisi[j]:s}')
```

西暦？2023
2023年は癸卯
西暦？2000
2000年は庚辰
西暦？-1

5-8 サイコロゲーム

■ サイコロゲームで勝つ方法

サイコロを1つ振ったときに出る目を当てっこするゲームでは、1〜6は均等に出るので、何が出るかは運しだいである。ところが、2つのサイコロを振ったときに出る目の和を当てっこするゲームでは、戦略を持ってゲームに臨めば勝てる確率が高くなる。

> **例 題 5-8** 2つのサイコロを振ったときに出る目の和の度数分布をhistに求めて表示する。

実行結果

```
import random

hist = [0 for i in range(13)]
for i in range(400):
    r1 = random.randint(1, 6)
    r2 = random.randint(1, 6)
    n = r1 + r2
    hist[n] += 1
for i in range(2, 13):
    print(f'{i:2d}:{hist[i]:3d}')
```

```
 2: 12
 3: 25
 4: 46
 5: 41
 6: 55
 7: 60
 8: 49
 9: 41
10: 36
11: 25
12: 10
```

> **練習問題 5-8** リストhistには回数を示す数値ではなく、その数分の「*」を格納し表示しなさい。

```
import random

hist = ['' for i in range(13)]
for i in range(400):
    r1 = random.randint(1, 6)
    r2 = random.randint(1, 6)
    n = r1 + r2
    hist[n] += [ ① ]
for i in range(2, 13):
    print(f'{i:2d}: {[  ②  ]}')
```

実行結果

```
 2: **************
 3: *******************
 4: ******************************************
 5: ***********************************
 6: *********************************************
 7: **************************************************************
 8: ************************************************************
 9: ********************************
10: ****************************
11: *****************
12: **********
```

　2つのサイコロを振ったときに出る目の和は「2」〜「12」の11種類である。「2」になるのは「1と1」の1組、「3」になるのは「1と2」、「2と1」の2組、「4」になるのは「1と3」、「2と2」、「3と1」の3組…「12」になるのは「6と6」の1組となり、結果は「7」になる組み合わせが6組で最多となる。したがって、賭けでは「7」を選ぶのが正解である。「2」や「12」は確率が最も低い。

▌より勝つためには

　さて、「7」が出る確率が一番高いことはわかったが、「6」や「8」も比較的高い確率で出るので、必ず「7」が勝つわけではない。それでは、より必勝に近いゲームにするにはどうしたら良いか。2〜12の11組を半分にわける。割り切れないので5組と6組になる。そこで、「僕は少ない5組を取るから残り6組は君でよい。その代わり僕の5組は好きなものを選ばせて」と提案する。さて何を選ぶか？　5〜9の5組を選ぶのが正解である。5〜9が出る組み合わせは24通りあり、全体の組み合わせは36通りあるので、「24÷36=67%」の確率で勝つことができる。

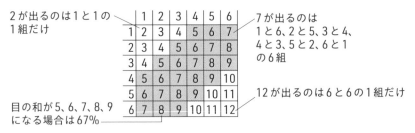

（図5.13）2つのサイコロの目の組み合わせ表

5-9 カレンダー

■ カレンダーを作る

y年m月1日の曜日は以下で求めることができる。weekday メソッドの返す値は「0:月〜6:日」となっているが、カレンダーの表示上は日曜日が先頭なので、「0:日〜6:土」になるよう補正している。

```
now = datetime.date(y, m, 1)
week = (now.weekday() + 1) % 7
```

カレンダーを作るには、2月の日数が「28」か「29」かを調べなければならない。

■ 閏年の判定

2月の日数は閏年かどうかで、28日か29日となる。グレゴリオ暦では、以下の規則で閏年を設けている。

①西暦の年数が4で割り切れる年を閏年とする。
②西暦の年数が100で割り切れる年は閏年からはずす。
③西暦の年数が400で割り切れる年は閏年に戻す。

これをプログラム的に表すと、西暦y年が閏年である条件は、「yが4で割り切れかつ100で割りきれない」または「yが400で割り切れる」となる。

例題 5-9 　y年m月のカレンダーを作る。求めたweekの数値を元に、最初の週は先頭に(week-1)*4個の空白を入れる。日にちを4桁で改行せずに表示し、土曜で次の行に進む。

（図5.14）カレンダーの表示

```python
import datetime

month = [0, 31, 28, 31, 30, 31, 30, 31, 31, 30, 31, 30, 31]
y, m = 2000, 2
if y % 4 == 0 and y % 100 != 0 or y % 400 == 0:    # 閏年
    month[2] = 29
else:
    month[2] = 28

now = datetime.date(y, m, 1)
week = (now.weekday() + 1) % 7

print(f'{y:d}年{m:d}月')
print(' Sun Mon Tue Wed Thu Fri Sat')
print(' ' * (week * 4), end='')
i = 1
while i <= month[m]:
    print(f'{i:4d}', end='')
    if (week + i) % 7 == 0:    # 土曜日
        print()
    i += 1
```

実行結果

```
2000年2月
 Sun Mon Tue Wed Thu Fri Sat
               1    2    3    4    5
   6    7    8    9   10   11   12
  13   14   15   16   17   18   19
  20   21   22   23   24   25   26
  27   28   29
```

練習問題 **5-9** y年の1月～12月のカレンダーを表示しなさい。

```
import datetime

month = [0, 31, 28, 31, 30, 31, 30, 31, 31, 30, 31, 30, 31]
y = 2024
if y % 4 == 0 and y % 100 != 0 or y % 400 == 0:   # 閏年
    month[2] = 29
else:
    month[2] = 28

for m in range(1,13):
    now = datetime.date(y, m, 1)
    week = (now.weekday() + 1) % 7

    print(f'{y:d}年{m:d}月')
    print(' Sun Mon Tue Wed Thu Fri Sat')
    print(' ' * (week*4), end='')
    i = 1
    while i <= month[m]:
        print(f'{i:4d}', end='')
        if (week + i) % 7 == 0:    # 土曜日
            print()
        i += 1
```
　　①

注 閏年の判定を自作しなくても、以下のようにして月の日数を計算することができる。翌月の1日の日付けから1日前の日付（つまり求める月の最終日）を計算し、その日付のday属性を使って、その日付が月の何日目かを表す。

```
import datetime
year = 2024
month = 12
# 翌月の1日
next_month_date = datetime.date(year + month // 12, month % 12 + 1, 1)
# 当月の最終日
days = (next_month_date - datetime.timedelta(days=1)).day
print(days)
```

実行結果

2024年1月

Sun	Mon	Tue	Wed	Thu	Fri	Sat
	1	2	3	4	5	6
7	8	9	10	11	12	13
14	15	16	17	18	19	20
21	22	23	24	25	26	27
28	29	30	31			

2024年2月

Sun	Mon	Tue	Wed	Thu	Fri	Sat
				1	2	3
4	5	6	7	8	9	10
11	12	13	14	15	16	17
18	19	20	21	22	23	24
25	26	27	28	29		

2024年3月

Sun	Mon	Tue	Wed	Thu	Fri	Sat
					1	2
3	4	5	6	7	8	9
10	11	12	13	14	15	16
17	18	19	20	21	22	23
24	25	26	27	28	29	30
31						

2024年4月

Sun	Mon	Tue	Wed	Thu	Fri	Sat
	1	2	3	4	5	6
7	8	9	10	11	12	13
14	15	16	17	18	19	20
21	22	23	24	25	26	27
28	29	30				

2024年5月

Sun	Mon	Tue	Wed	Thu	Fri	Sat
			1	2	3	4
5	6	7	8	9	10	11
12	13	14	15	16	17	18
19	20	21	22	23	24	25
26	27	28	29	30	31	

2024年6月

Sun	Mon	Tue	Wed	Thu	Fri	Sat
						1
2	3	4	5	6	7	8
9	10	11	12	13	14	15
16	17	18	19	20	21	22
23	24	25	26	27	28	29
30						

2024年7月

Sun	Mon	Tue	Wed	Thu	Fri	Sat
	1	2	3	4	5	6
7	8	9	10	11	12	13
14	15	16	17	18	19	20
21	22	23	24	25	26	27
28	29	30	31			

2024年8月

Sun	Mon	Tue	Wed	Thu	Fri	Sat
				1	2	3
4	5	6	7	8	9	10
11	12	13	14	15	16	17
18	19	20	21	22	23	24
25	26	27	28	29	30	31

2024年9月

Sun	Mon	Tue	Wed	Thu	Fri	Sat
1	2	3	4	5	6	7
8	9	10	11	12	13	14
15	16	17	18	19	20	21
22	23	24	25	26	27	28
29	30					

2024年10月

Sun	Mon	Tue	Wed	Thu	Fri	Sat
		1	2	3	4	5
6	7	8	9	10	11	12
13	14	15	16	17	18	19
20	21	22	23	24	25	26
27	28	29	30	31		

2024年11月

Sun	Mon	Tue	Wed	Thu	Fri	Sat
					1	2
3	4	5	6	7	8	9
10	11	12	13	14	15	16
17	18	19	20	21	22	23
24	25	26	27	28	29	30

2024年12月

Sun	Mon	Tue	Wed	Thu	Fri	Sat
1	2	3	4	5	6	7
8	9	10	11	12	13	14
15	16	17	18	19	20	21
22	23	24	25	26	27	28
29	30	31				

5-10 幾何学模様

4-4で示したglib.pyを使って幾何学模様を描く。幾何学（geometric）模様の美しさは、一見複雑そうに見える図形も、実は基本的な図形（直線や多角形）の繰り返し作られていることによる調和性と規則性にある。

■ ダイアモンドリング

円周上を16分割した各点を総当たりで結ぶ。このとき描かれる図形をダイアモンドリングと呼ぶ。総当たりといっても、すでに描いた直線は引かないので、最初の繰り返しで15本、次の繰り返しで14本…と1本ずつ少なくなる。

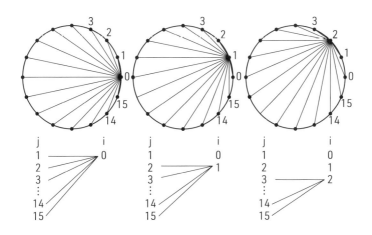

(図5.15) ダイアモンドリング

中心(0,0)、半径rの円周で、θの角度の位置の(x, y)座標は三角関数を使って以下のように計算できる。

$x = r \cdot \cos(\theta)$

$y = r \cdot \sin(\theta)$

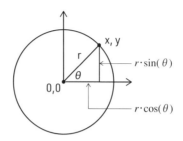

（図5.16）三角関数を使った座標の計算

例題 **5-10** 分割数*n*のダイアモンドリングを描く。4-4の**glib.py**が必要。

- 分割数を変数nに格納する。
- iとjの2重ループを作る。外ループのiは0～n-1まで繰り返し、内ループのjはi+1～nまで繰り返す。
- 外ループでi番目の点の座標(x1,y1)を求める。内ループでj番目の点の座標(x2,y2)を求める。
- (x1,y1)と(x2,y2)を直線で結ぶ。

```
!pip3 install ColabTurtle

import math
from google.colab import files  # モジュールのアップロード
upload = files.upload()
import glib

glib.ginit(400, 400)
n = 16
for i in range(0, n):
    x1 = 150 * math.cos(math.radians(i * 360 / n))
    y1 = 150 * math.sin(math.radians(i * 360 / n))
    for j in range(i + 1, n + 1):
        x2 = 150 * math.cos(math.radians(j * 360 / n))
        y2 = 150 * math.sin(math.radians(j * 360 / n))
        glib.line(x1, y1, x2, y2)
```

実行結果

練習問題 5-10　円周上で120°の角度を成す2点を直線で結ぶ。始点x1、y1の円周上の位置は10°ずつ反時計方向に回転させてできる図形を描きなさい。4-4のglib.pyが必要。

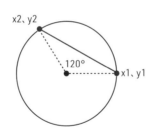

（図5.17）円周上の2点を結ぶ

```
!pip3 install ColabTurtle

import math
from google.colab import files  # モジュールのアップロード
upload = files.upload()
```

プログラミング的思考の実践①〜かんたんなプログラム

5

```
import glib

glib.ginit(400, 400)
for a in range(    ①    ):
    x1 = 150 * math.cos(math.radians(a))
    y1 = 150 * math.sin(math.radians(a))
    x2 = 150 * math.cos(math.radians(    ②    ))
    y2 = 150 * math.sin(math.radians(    ③    ))
    glib.line(x1, y1, x2, y2)
```

実行結果

プログラミング的
思考の実践②
～再帰的思考

再帰（recursion）というのは、自分自身の中から自分自身を呼び出すという、何やら得体の知れない、からくりなのである。

数学のような論理体系では、このような再帰をかんたん明快に定義できるのに、人間の論理観はそれに追いつけない面を持っている。こうしたことから、再帰的なアルゴリズムは慣れなければ一般に理解しにくいが、一度慣れてしまうと、複雑なアルゴリズムを明快に記述する際に効果を発揮する。

たとえばデータ構造の木は再帰的な構造をしているので、木の作成やトラバーサル（**4-5 データ構造とアルゴリズム**を参照）には再帰を使うと効果がある。これは再帰のアルゴリズムがデータ構造と結び付いている典型的な例である。

6-1 漸化式と再帰的表現

■ 漸化式

漸化式とは、自分自身を定義するのに、1次低い自分自身を用いて表し、0次はある値に定義されているというものである。これは再帰的表現である。

■ 階乗を再帰で求める

階乗の$n!$は、次のように定義できる。

$n! = n \cdot (n\text{-}1)! \qquad n > 0$
$0! = 1$

これは、次のような意味に解釈できる。

- $n!$を求めるには1次低い$(n\text{-}1)!$を求めてそれにnを掛ける
- $(n\text{-}1)!$を求めるには1次低い$(n\text{-}2)!$を求めてそれに$n\text{-}1$を掛ける
  $\vdots$
- $1!$を求めるには$0!$を求め、それに1を掛ける
- $0!$は1である

以上を再帰関数として記述すると以下のようになる。

```
def factorial(n):
    if n == 0:
        return 1
    else:
        return n * factorial(n - 1)
```

ある関数の内部で、再び自分自身を呼び出すような構造の関数を再帰関数と呼び、関数内部で再び自分自身を呼び出すことを再帰呼び出し（recursive call：リカーシブコール）と呼ぶ。

再帰関数

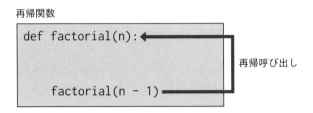

再帰呼び出し

（図6.1） 再帰関数

4!を求めるfactorial(4)が実行される過程を以下に示す。

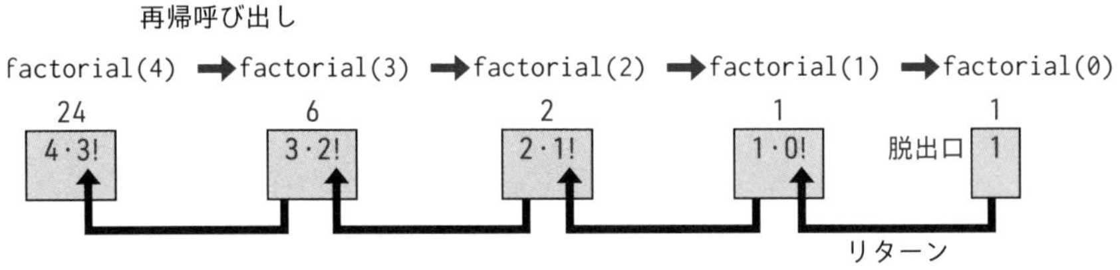

再帰呼び出し

factorial(4) ➡ factorial(3) ➡ factorial(2) ➡ factorial(1) ➡ factorial(0)

| 24 | 6 | 2 | 1 | | 1 |
| 4・3! | 3・2! | 2・1! | 1・0! | 脱出口 | 1 |

リターン

（図6.2） **factorial(4)の呼び出しが行われる過程**

factorial(4)の答えを求めるのに4・factorial(3)、factorial(3)の答えを求めるのに3・factorial(2)…と再帰呼び出しが続く。factorial(0)の答えは「1」でこれが再帰からの脱出口となる。そこから順次呼び出し元に戻っていく。つまり、factorial(1)の結果は「1・0!=1」、factorial(2)の結果は「2・1!=2」…factorial(4)の答えは「4・3!=24」となる。

例題 **6-1** 階乗を求める再帰関数を作る。

実行結果

```
def factorial(n):
    if n == 0:
        return 1
    else:
        return n * factorial(n - 1)

for n in range(11):
    print(f'{n:2d}!={factorial(n):d}')
```

```
0!=1
1!=1
2!=2
3!=6
4!=24
5!=120
6!=720
7!=5040
8!=40320
9!=362880
10!=3628800
```

■ その他の漸化式

階乗以外にも以下のような漸化式がある。

・べき乗　　　　・フィボナッチ (Fibonacci) 数列

x^nは
$$\begin{cases} x^n = x \cdot x^{n-1} \\ x^0 = 1 \end{cases}$$

1、1、2、3、5、8、13、21、34、55、…
という数列は

$$\begin{cases} F_n = F_{n-1} + F_{n-2} \\ F_1 = F_2 = 1 \end{cases}$$

組み合わせの $_nC_r$ の漸化式は2通りの表現がある。前者は再帰版 (**練習問題6-1-3**) で使い、後者は非再帰版 (**練習問題6-2-2**) で使う。

$$\begin{cases} _nC_r = {}_{n-1}C_{r-1} + {}_{n-1}C_r \ (n > r > 0) \\ _rC_0 = {}_rC_r = 1 \ (r = 0 \text{ または } n = r) \end{cases}$$

$$\begin{cases} _nC_r = \dfrac{n-r+1}{r} \, _nC_{r-1} \\ _nC_0 = 1 \end{cases}$$

練習問題　6-1-1　べき乗を求める再帰関数を作りなさい。

実行結果

```
def pow(x, n):
    if n == 0:
        return 1
    else:
        return x *      ①

x = 10
for n in range(11):
    print(f'{x:2d}^{n:d}={pow(x, n):d}')
```

```
10^0=1
10^1=10
10^2=100
10^3=1000
10^4=10000
10^5=100000
10^6=1000000
10^7=10000000
10^8=100000000
10^9=1000000000
10^10=10000000000
```

練習問題　6-1-2　フィボナッチ数列を求める再帰関数を作りなさい。

実行結果

```
def fib(n):
    if n == 1 or n == 2:
        return 1
    else:
        return      ①

for n in range(1, 21):
    print(f'{n:3d}:{fib(n):5d}')
```

```
  1:     1
  2:     1
  3:     2
  4:     3
  5:     5
  6:     8
  7:    13
  8:    21
  9:    34
 10:    55
 11:    89
 12:   144
 13:   233
 14:   377
 15:   610
 16:   987
 17:  1597
 18:  2584
 19:  4181
 20:  6765
```

第5項のフィボナッチ数を求める fib(5) の呼び出しが行われる過程を示す。

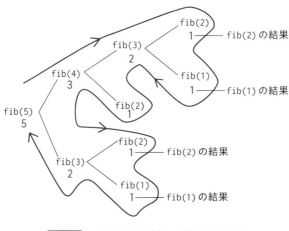

（図6.3） fib(5)の呼び出しが行われる過程

練習問題 6-1-3 組み合わせのnCrを求める再帰関数を作りなさい。

```python
def combi(n, r):
    if r == 0 or n == r:
        return 1
    else:
        return                    ①

for n in range(6):
    for r in range(n + 1):
        print(f'{n:d}C{r:d}={combi(n, r):d}  ', end='')
    print()
```

実行結果

```
0C0=1
1C0=1   1C1=1
2C0=1   2C1=2   2C2=1
3C0=1   3C1=3   3C2=3   3C3=1
4C0=1   4C1=4   4C2=6   4C3=4   4C4=1
5C0=1   5C1=5   5C2=10  5C3=10  5C4=5   5C5=1
```

6-2 | 再帰の罠

■ 再帰を使わない方が良い場合

　再帰は魔法のような手法である。再帰を用いると複雑なアルゴリズムを明快に記述できる。たとえば、データ構造の木の生成やトラバーサルなどは再帰は有効である。しかし、再帰を用いなくても単純な繰り返しを用いた方が良いものもある。再帰はスタックを浪費するので、再帰の深さが深くなると、スタック・オーバーフローや処理時間の増大という弊害が出ることがある。

　階乗やべき乗を求めるプログラムは、再帰ではなく繰り返しで記述すべきである。

例 題 6-2 　階乗の非再帰版を作る。

実行結果

```
def factorial(n):
    p = 1
    for k in range(n, 0, -1):
        p *= k
    return p

for n in range(11):
    print(f'{n:2d}!={factorial(n):d}')
```

```
 0!=1
 1!=1
 2!=2
 3!=6
 4!=24
 5!=120
 6!=720
 7!=5040
 8!=40320
 9!=362880
10!=3628800
```

練習問題 6-2-1 　べき乗の非再帰版を作りなさい。

実行結果

```
def pow(x, n):
    p = 1
    for i in range(   ①   ):
           ②
    return p

x = 2
```

```
2^0=1-1
2^1=2
2^2=4
2^3=8
2^4=16
2^5=32
2^6=64
```

```
for n in range(11):
    print(f'{x:2d}^{n:d}={pow(x, n):d}')
```

```
2^7=128
2^8=256
2^9=512
2^10=1024
```

練習問題 6-2-2 組み合わせnCrの非再帰版を作りなさい。

```
def combi(n, r):
    p = 1
    for i in range(1,    ①    ):
        p = p * (    ②    ) // i
    return p
for n in range(6):
    for r in range(n + 1):
        print(f'{n:d}C{r:d}={combi(n, r):d}  ', end='')
    print()
```

実行結果

```
0C0=1
1C0=1  1C1=1
2C0=1  2C1=2  2C2=1
3C0=1  3C1=3  3C2=3  3C3=1
4C0=1  4C1=4  4C2=6  4C3=4  4C4=1
5C0=1  5C1=5  5C2=10  5C3=10  5C4=5  5C5=1
```

6 プログラミング的思考の実践②〜再帰的思考

6-3 ハノイの塔

ハノイの塔とは、以下のようなパズルである。

「3本の棒a、b、cがある。棒aに、中央に穴の空いたn枚の円盤が大きい順に積まれている。これを1枚ずつ移動させて棒bに移す。ただし、移動の途中で円盤の大小が逆に積まれてはならない。また、棒cは作業用に使用するものとする。」

ハノイの塔は再帰の典型的な例である。

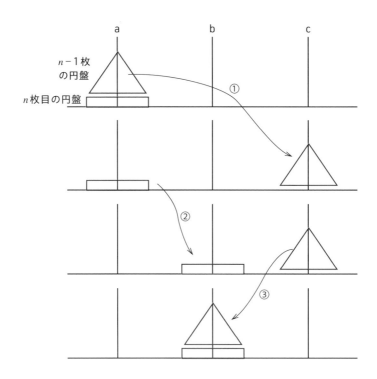

（図6.4）ハノイの塔の再帰的作業

n枚の円盤を a⇒b に移す作業は、次のような作業に分解できる。①と③の作業が再帰的な作業（再帰呼び出し）となる。

①aのn-1枚の円盤を a⇒c に移す（再帰呼び出し）
②n枚目の円盤を a⇒b に移す
③cのn-1枚の円盤を c⇒b に移す（再帰呼び出し）

n枚の円盤の a→b の移動は次のように表現できる。

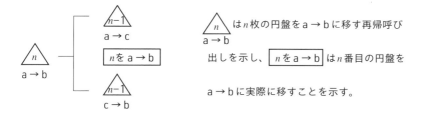

（図6.5） n枚の円盤を a→b に移す再帰的な作業

4枚の場合について、hanoiがどのように再帰呼び出しされるかを**図6.6**に示す。

6 プログラミング的思考の実践②〜再帰的思考

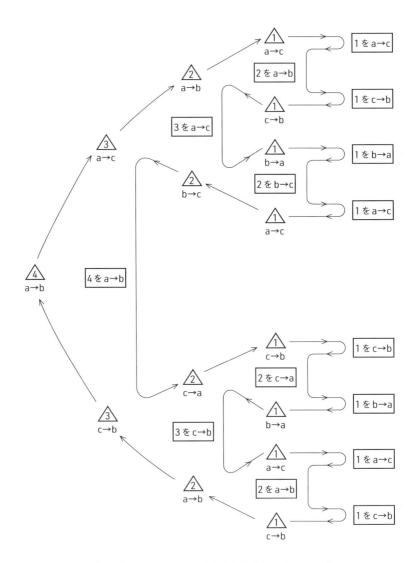

図6.6 hanoiの再帰呼び出しのシミュレーション

例　題　6-3　　ハノイの塔の円盤の移動を表示する。

```python
def hanoi(n, a, b, c):
    if n > 0:
        hanoi(n - 1, a, c, b)
        print(f'{n:d}番の円盤を{a:s}->{b:s}に移動')
        hanoi(n - 1, c, b, a)

hanoi(4, 'a', 'b', 'c')
```

実行結果

```
1番の円盤をa->cに移動
2番の円盤をa->bに移動
1番の円盤をc->bに移動
3番の円盤をa->cに移動
1番の円盤をb->aに移動
2番の円盤をb->cに移動
1番の円盤をa->cに移動
4番の円盤をa->bに移動
1番の円盤をc->bに移動
2番の円盤をc->aに移動
1番の円盤をb->aに移動
3番の円盤をc->bに移動
1番の円盤をa->cに移動
2番の円盤をa->bに移動
1番の円盤をc->bに移動
```

参　考　│　ハノイの塔の逸話

　Édouard Lucasの作り話に、3本のダイアモンドの棒に64枚の金の円盤があり、これを全部移し終えたときにハノイの塔が崩れ、世界の終わりが来るというものがある。64枚の場合の移動回数は約1845京回、1回の移動に1秒かかるとすれば、移し終えるのに約5850億年かかる計算になる。

```
2^64 - 1=1844,6744,0737,0955,1615≒1845京回
1844,6744,0737,0955,1615÷(365x24x60x60) ≒5850億年
```

6　プログラミング的思考の実践②〜再帰的思考

6-4 リカーシブ・グラフィックスI

■ コッホ曲線

リカーシブ・グラフィックスは、グラフィックスの世界を解析的に表現せずに、再帰的に表現しようとするものである。再帰を使うと自然に近い図形（入り組んだ海岸線や樹木）がかんたんに表現できる。

コッホ曲線は、数学者のコッホにより発見されたものである。コッホ曲線は以下のように定義されている。

- 0次のコッホ曲線は長さ*leng*の直線である。
- 1次のコッホ曲線は、1辺の長さが*leng*/3の大きさの正3角形状のでっぱりを出す。
- 2次のコッホ曲線は、1次のコッホ曲線の各辺（4つ）に対し、1辺の長さが1/9の大きさの正3角形状のでっぱりを出す。

*n*次のコッホ曲線を描く手順は以下である。

①*n*-1次のコッホ曲線を1つ描く。
②向きを60°変えて*n*-1次のコッホ曲線を1つ描く。
③向きを-120°変えて*n*-1次のコッホ曲線を1つ描く。
④向きを60°変えて*n*-1次のコッホ曲線を1つ描く。

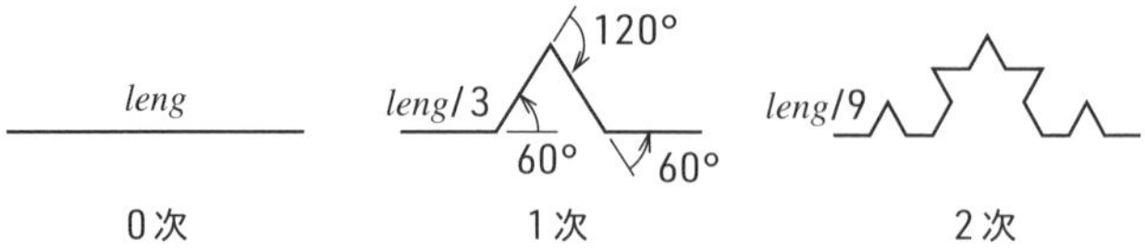

図6.7 コッホ曲線を描く手順

例 題 6-4　コッホ曲線を描く。

```
!pip3 install ColabTurtle
from ColabTurtle.Turtle import *

initializeTurtle(initial_window_size=(640, 480), initial_speed=13)
hideturtle()
width(2)
bgcolor('white')
color('blue')

def koch(n, leng):
    if n == 0:
        forward(leng)
    else:
        koch(n - 1, leng)
        left(60)
        koch(n - 1, leng)
        left(-120)
        koch(n - 1, leng)
        left(60)
        koch(n - 1, leng)

n = 4        # コッホ次数
leng = 4.0   # 0次の長さ

penup(); goto(100, 200); face(0); pendown()
koch(n, leng)
```

実行結果

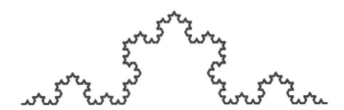

練習問題　**6-4**　コッホ曲線を3つ、–120°の傾きを成してくっつけると雪の結晶のような形をしたコッホ島と呼ばれる図形が描ける。コッホ島を描きなさい。

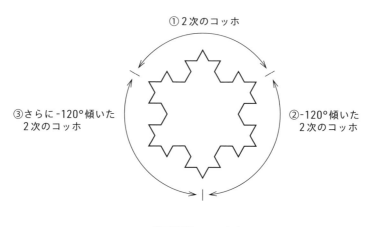

①2次のコッホ

③さらに -120°傾いた
2次のコッホ

②-120°傾いた
2次のコッホ

（図6.8）コッホ島

```
!pip3 install ColabTurtle
from ColabTurtle.Turtle import *

initializeTurtle(initial_window_size=(640, 640), initial_speed=13)
hideturtle()
width(2)
bgcolor('white')
color('blue')

def koch(n, leng):
    if n == 0:
        forward(leng)
    else:
        koch(n - 1, leng)
        left(60)
        koch(n - 1, leng)
        left(-120)
        koch(n - 1, leng)
        left(60)
        koch(n - 1, leng)

n = 4          # コッホ次数
```

```
leng = 4.0     # 0次の長さ

penup(); goto(100, 200); face(0); pendown()
for i in range(   ①   ):
    koch(n, leng)
        ②
```

実行結果

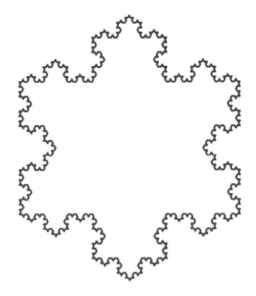

第6章

6-5 リカーシブ・グラフィックスⅡ

■ クロスステッチ

コッホ曲線が正3角形を基本としているのに対し、クロスステッチは正方形を基本にしている。原理はまったく同じで、n次のクロスステッチを描くには$n-1$次のクロスステッチを5本描けばよく、描く方向は$+90°$、$-90°$、$-90°$、$+90°$の順に変わる。

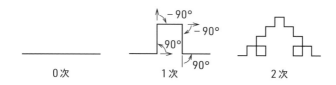

（図6.9） クロスステッチ

例題 6-5　クロスステッチを描く。

```
!pip3 install ColabTurtle
from ColabTurtle.Turtle import *

initializeTurtle(initial_window_size=(640, 640), initial_speed=13)
hideturtle()
width(2)
bgcolor('white')
color('blue')

def stech(n, leng):
    if n == 0:
        forward(leng)
    else:
        stech(n - 1, leng); left(90)
        stech(n - 1, leng); left(-90)
        stech(n - 1, leng); left(-90)
        stech(n - 1, leng); left(90)
        stech(n - 1, leng)
```

```
n = 4          # ステッチの次数
leng = 3.0     # 0次の長さ

penup(); goto(150, 200); face(0); pendown()
stech(n, leng)
```

実行結果

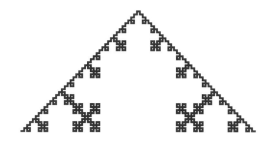

> 練習問題 **6-5** コッホ島と同様にクロスステッチを90°の角度を成して4個描
> きなさい。

```
!pip3 install ColabTurtle
from ColabTurtle.Turtle import *

initializeTurtle(initial_window_size=(640, 640), initial_speed=13)
hideturtle()
width(2)
bgcolor('white')
color('blue')

def stech(n, leng):
    if n == 0:
        forward(leng)
    else:
        stech(n - 1, leng); left(90)
        stech(n - 1, leng); left(-90)
        stech(n - 1, leng); left(-90)
        stech(n - 1, leng); left(90)
        stech(n - 1, leng)
```

```
n = 4           # ステッチの次数
leng = 3.0      # 0次の長さ

penup(); goto(150, 200); face(0); pendown()
for i in range(  ①  ):
    stech(n, leng)
        ②
```

実行結果

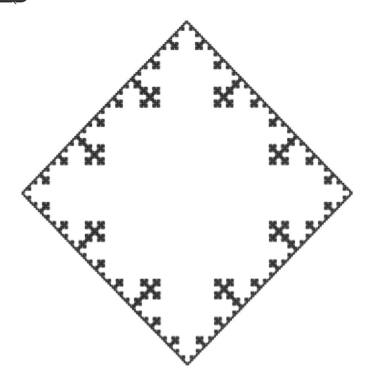

注 $n=4$ では時間がかかりすぎたり、途中で停止したりすることがあるので、その場合は $n=3$ で行う。

6-6 リカーシブ・グラフィックスⅢ

■ C曲線

n次のC曲線は$(n-1)$次のC曲線とそれぞれ$90°$回転させた$(n-1)$次のC曲線で構成される。

```
!pip3 install ColabTurtle
from ColabTurtle.Turtle import *

initializeTurtle(initial_window_size=(640, 640), initial_speed=13)
hideturtle()
width(2)
bgcolor('white')
color('blue')

def ccurve(n):
    if n == 0:
        forward(5)
    else:
        ccurve(n - 1)
        left(90)
        ccurve(n - 1)
        left(-90)

n = 10 # 次数

penup(); goto(100, 300); face(0); pendown()
ccurve(n)
```

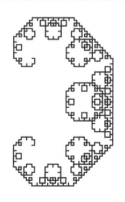
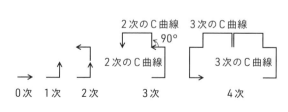

(図 6.10) C曲線

■ ドラゴン曲線

　ドラゴン曲線は、j.E.Heighwayという NASA の物理学者が考えだしたものである。格子状のマス目を右から左に必ず曲がりながら、一度通った道は再び通らないようにしたときにできる経路である。この曲線は交わることなく（接することはある）空間を埋めていく。

```
!pip3 install ColabTurtle
from ColabTurtle.Turtle import *

initializeTurtle(initial_window_size=(640, 640), initial_speed=13)
hideturtle()
width(2)
bgcolor('white')
color('blue')

def dragon(n, a):
    if n == 0:
        forward(5)
    else:
        dragon(n - 1, 90)
        left(a)
        dragon(n - 1, -90)

n = 10     # 次数

penup(); goto(100, 300); face(0); pendown()
dragon(n, 90)
```

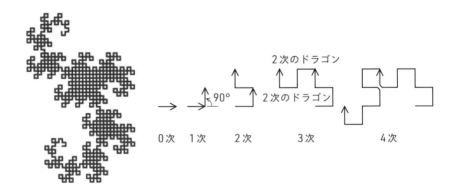

（図6.11） ドラゴン曲線

■ 樹木曲線

木が枝を伸ばしていく形をした樹木曲線を描く。

- 1次の樹木曲線は長さ*leng*の直線である。
- 2次の樹木曲線は長さ*leng*/2の枝を90°の角をなして2本出す。
- 3次の樹木曲線は長さ*leng*/4の枝を90°の角をなして各親枝から2本出す。つまり、新たに4本出したことになる。

*n*次の木を描くアルゴリズムは以下のようになる。

①(*x0, y0*)位置から角度*angle*で長さ*leng*の枝を1つ引く。引き終わった終点の座標を新しい(*x0, y0*)とする。

②(*n-1*)次の右部分木を再帰呼び出し。

③(*n-1*)次の左部分木を再帰呼び出し。

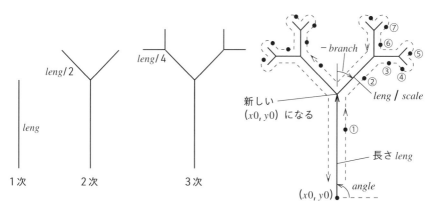

(図 6.12) 樹木曲線

```
!pip3 install ColabTurtle
from ColabTurtle.Turtle import *

initializeTurtle(initial_window_size=(640, 640), initial_speed=13)
hideturtle()
width(2)
bgcolor('white')
color('blue')
```

```
def tree(n, x0, y0, leng, angle):    # 樹木曲線の再帰手続き
    if n == 0:
        return
    penup()
    goto(x0, y0), face(angle)
    pendown()
    forward(leng)
    x0, y0 = position()    # 現在位置の取得
    tree(n - 1, x0, y0, leng / Scale, angle + branch)
    tree(n - 1, x0, y0, leng / Scale, angle - branch)

n = 8                    # 枝の次数
x0, y0 = 300.0, 400.0    # 根の位置
leng = 100.0             # 枝の長さ
angle = -90.0            # 枝の向き.-90は上向き
Scale = 1.4              # 枝の伸び率
branch = 20.0            # 枝の分岐角

penup(); goto(x0, y0); pendown()
tree(n, x0, y0, leng, angle)
```

（実行結果）

プログラミング的
思考の実践③
～アルゴリズム

パスカルの著書「パンセ」の中にある有名な一節に「人間は自然のうちで最も弱い一本の葦にすぎない、しかしそれは考える葦である」というのがある。

コンピュータは同じ仕事を正確にしかも高速に繰り返すことは得意であるが、今のところ考える力はない。したがって、問題を解くための手順を人間が考えてそれをコンピュータに与えてやらなければならない。これがアルゴリズムである。ただ昨今はAIが台頭し、本来人間が考えるべきアルゴリズムをAIが行う時代になった。

　問題を解くための論理または手順をアルゴリズム（algorithms：算法）と言う。問題を解くためのアルゴリズムは複数存在するが、人間向きのアルゴリズムが必ずしもコンピュータ向きのアルゴリズムにはならない。この章では、以下のカテゴリの中で代表的なアルゴリズムを解説する。

・数値計算

7-1	ユークリッドの互除法
7-2	モンテカルロ法
7-3	素数を探す
7-4	テイラー展開

・データ処理

7-5	ソート（並べ換え）
7-6	線形探索（リニアサーチ）
7-7	二分探索（バイナリーサーチ）
7-8	自己再編成探索
7-9	ハッシュ

・データ構造

7-10	決定木
7-11	ハノイの塔のシミュレーション
7-12	迷路
7-13	ペイント処理

・グラフィックス

7-14	3次元座標変換
7-15	回転体モデル
7-16	3次元関数

・ゲーム

7-17	21を言ったら負けゲーム
7-18	戦略を持つじゃんけん

7-1 ユークリッドの互除法

■ ユークリッドの互除法

たとえば、24と18の最大公約数は、一般には次のようにして求める。しかし、このように2とか3といった数を見つけだすことはコンピュータ向きではない。

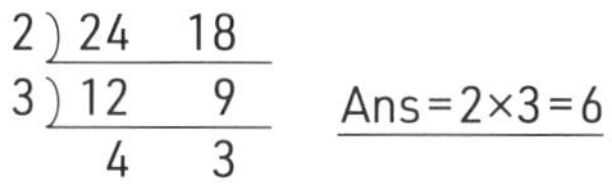

$$
\begin{array}{r}
2\,)\overline{24 \quad 18} \\
3\,)\overline{12 \quad\;\, 9} \\
4 \quad\;\, 3
\end{array}
\qquad \text{Ans} = 2 \times 3 = 6
$$

図7.1 一般的な最大公約数の求め方

機械的な繰り返しで最大公約数を求める方法に、ユークリッド（Euclid）の互除法がある。この方法は、「2つの整数m、n（$m > n$）があったとき、mとnの最大公約数は$m\text{-}n$とnの最大公約数を求める方法に置き換えることができる」という原理に基づいている。

つまり、mとnの問題を$m\text{-}n$とnという小さな数の問題に置き換え、さらに、$m\text{-}n$とnについても同様なことを繰り返し、$m = n$となったときのm（nでもよい）が求める最大公約数である。

このことをアルゴリズムとしてまとめると、次のようになる。

①mとnが等しくない間、以下を繰り返す。

　②$m > n$なら　　　　$m = m\text{-}n$

　　そうでないなら　　$n = n\text{-}m$

③m（nでもよい）が求める最大公約数である。

$m = 24$、$n = 18$としてmとnの値をトレースしたものを以下に示す。

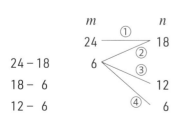

①24と18の問題は

②6と18の問題に置き換わり、さらに

③6と12の問題に置き換わり、さらに

④6と6の問題に置き換わる。

　ここで6=6なのでこれが答となる

図7.2 ユークリッドの互除法

例　題　**7-1**　ユークリッドの互除法でmとnの最大公約数を求める。

実行結果

最大公約数=6

```
m, n = 24, 18
while m != n:
    if m > n:
        m -= n
    else:
        n -= m

print(f'最大公約数={m:d}')
```

練習問題　**7-1-1**　剰余による方法を使って最大公約数を求めなさい。

mとnの差が大きいときは、減算（$m-n$）の代わりに剰余（$m\%n$）を用いた方が効率がよい。

　①mをnで割った余りをkとする。
　②mにnを、nにkを入れる。
　③kが0でなければ①に戻る。
　④mが求める最大公約数である。

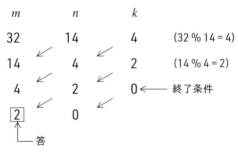

m	n	k	
32	14	4	(32 % 14 = 4)
14	4	2	(14 % 4 = 2)
4	2	0 ← 終了条件	
2	0		
↑答			

（図7.3）剰余によるユークリッドの互除法

　剰余版の繰り返しは、条件判定がループの終末にある後判定反復になる。Pythonには後判定反復がないので工夫が必要である。以下は無限ループからbreakで抜けるようにした。

実行結果

最大公約数=8

```python
m, n = 128, 72
while True:
    k =   ①
    m = n
    n = k
    if   ②   :   # do whileがないため
        break

print(f'最大公約数={m:d}')
```

なお、繰り返し条件を変えれば、以下のようにwhileで書くこともできる。

```python
m, n = 128, 72
while n != 0:
    k = m % n
    m = n
    n = k
print(f'最大公約数={m:d}')
```

練習問題 7-1-2 ユークリッドの互除法を再帰を使って解きなさい。

ユークリッドの互除法は再帰表現できる。再帰版にする場合、$m-n$を用いるより$m\%n$を用いた方がmとnの大小比較をしなくてよいのでスマートな記述になる。mとnの最大公約数を求める再帰関数をgcd(m,n)とすると、以下のように定義できる。

$m \neq n$なら　　　gcd(n,m % n) の再帰呼び出し

$n = 0$なら　　　mが最大公約数

実行結果

128と72の
最大公約数=8

```python
def gcd(m, n):
    if n == 0:
        return  ①
    else:
        return gcd(   ②   )

a, b = 128, 72
print(f'{a:d}と{b:d}の')
print(f'最大公約数={gcd(a, b):d}')
```

7-2 モンテカルロ法

ある問題を、数値計算のような解析的な方法でなく、乱数を用いたシミュレーションにより問題を解決する方法をモンテカルロ法と呼ぶ。乱数を用いた一種の賭けのような方法で問題を解くことから、カジノで有名なモンテカルロ（Monte-Carlo）という名前が付けられたそうである。

■ πを求める

さて、モンテカルロ法を使ってπを求めるには、0.0～1.0未満の乱数を2つ発生させ、それらをx、yとする。こうした乱数の組をいくつか発生させると、1×1の正方形の中に(x, y)で示される点は均一にばらまかれると考えられる。したがって、正方形の面積と1／4円の面積の比は、そこにばら撒かれた乱数の数に比例するはずである。今、1／4円の中にばらまかれた乱数の数をa、全体にばらまかれた乱数の数をNとすると、πの値は以下となる。

$$\pi = 4a/N$$

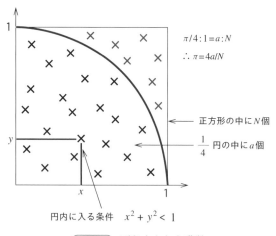

図7.4 ばらまかれた乱数

例 題 **7-2** モンテカルロ法で π を求める。

実行結果

円周率=3.148

```python
import random
N = 2000
a = 0
for i in range(N):
    x = random.random()
    y = random.random()
    if x*x + y*y < 1:
        a += 1
pai = 4.0 * a / N
print(f'円周率={pai:f}')
```

7

プログラミング的思考の実践③〜アルゴリズム

参 考 | πの歴史

　円の円周と直径の比（円周率）がどんな大きさの円でも一定であることを、古代バビロニア（紀元前2000年頃）の人は知っていた。そして、その円周率を「3」で計算していたようである。

　その後、幾何学を用いてπを計算する方法が古代ギリシャの数学者アルキメデス（紀元前287〜212年）により考えられた。その原理は、円に内接する正多角形と外接する正多角形の間には「内側の正多角形の周＜円の周＜外側の正多角形の周」という関係があることを利用する。

　6角形で計算すると「$3 < \pi < 3.46$」となる。アルキメデスは正96角形を使い「$3.14084507 < \pi < 3.142857142$」であることを証明した。つまり、「3.14」である。近年では、コンピュータを利用して級数展開公式から1兆桁もの正確なπの値が計算できる。

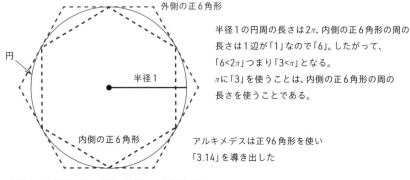

外側の正6角形

円

半径1

内側の正6角形

半径1の円周の長さは2π、内側の正6角形の周の長さは1辺が「1」なので「6」。したがって、「$6<2\pi$」つまり「$3<\pi$」となる。

πに「3」を使うことは、内側の正6角形の周の長さを使うことである。

アルキメデスは正96角形を使い「3.14」を導き出した

内側の正6角形の周 < 円周 < 外側の正6角形の周

(図7.5) 円に内接する正多角形と外接する正多角形を利用してπを求める

■ 面積を求める

モンテカルロ法を使って面積を求めることができる。

練習問題 7-2 以下の式で示す楕円の面積をモンテカルロ法で求めなさい。

$$\frac{x^2}{4} + y^2 = 1$$

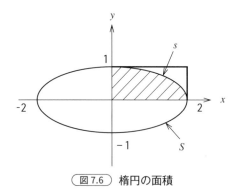

(図7.6) 楕円の面積

　xに0〜2未満の乱数、yに0〜1未満の乱数を対応させ、2×1の長方形の中に均一にばらまく。1/4の楕円（図の斜線部）の中に入った乱数の数をa、乱数の総数をN、1/4の楕円の面積をsとすると、

$$2 : s = N : a$$

$$\therefore s = \frac{2a}{N}$$

となり、求める楕円の面積 S は

$$S = 4 \cdot s = 4 \cdot \frac{2a}{N}$$

となる。

```python
import random

N = 1000
a = 0
for i in range(N):
    x = 2 * random.random()
    y = random.random()
    if     ①     <= 1:
        a += 1

s =          ②
print(f'楕円の面積={s:.5f}')
```

7-3 素数を探す

■ 素数

素数とは、1と自分自身以外には約数を持たない数のことで、以下のようなものである。1は素数には含めない。

2、3、5、7、11、13、17、19、23、29、31、37、41、43、47、53、59、61、67、71…

例 題 7-3 nが素数か、素数でないか判定する。

---

nが素数であるか否かは、nがn未満の整数で割り切れるか否かを2まで繰り返し、割り切れるものがあった場合は、素数でないとしてループから抜ける。ループの最後までいっても割り切れる数がなかったら、その数は素数であるとする。

なお、nを$n/2$以上の整数で割っても割り切れることはないので、調べる開始の値はnでなく$n/2$からでよいことは直感的にわかるが、数学的には$\sqrt{n}$からでよいことがわかっている。

実行結果

```
2は素数
5は素数
21は素数でない
991は素数
```

```python
import math
data = [2, 5, 21, 991]
for n in data:
    if n >= 2:
        Limit = int(math.sqrt(n))
        for i in range(Limit, 0, -1):
            if n % i == 0:
                break
        if i == 1:
            print(f'{n:d}は素数')
        else:
            print(f'{n:d}は素数でない')
```

■ エラトステネスのふるい

素数を効率よく求める方法に、「エラトステネスのふるい」がある。

練習問題 **7-3** 「エラトステネスのふるい」を使って2〜Nまでの素数をすべて見つけ出しなさい。

「エラトステネスのふるい」のアルゴリズムは以下のようになる。

① 2〜Nの数をすべて「ふるい」に入れる。リスト prime[i] に「1」を格納。

② 「ふるい」の中で最小数を素数とする。下図の▼。

③ 今求めた素数の倍数をすべて「ふるい」からはずす。リスト prime[i] を「0」にする。下図で斜線を引いた数。

④ ②〜③を$\sqrt{N}$まで繰り返し「ふるい」に残った（斜線が引かれなかった）数が素数である。

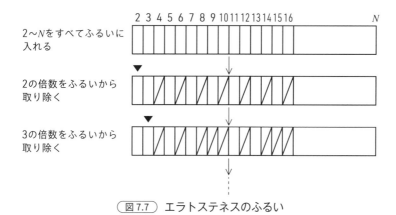

（図7.7）エラトステネスのふるい

```
import math
N = 1000
prime=[1 for i in range(N + 1)]
Limit = int(math.sqrt(N))
for i in range(2, Limit + 1):
    if         ①        :
        for j in range(2 * i, N + 1, i):
            if    ②    == 0:
```

```
                prime[j] = 0

print('求められた素数')
count = 1
for i in range(2, N + 1):
    if prime[i] == 1:
        print(f'{i:4d}', end='')
        if count % 16 == 0: # 16個単位で表示
            print()
        count += 1
```

実行結果

```
求められた素数
   2   3   5   7  11  13  17  19  23  29  31  37  41  43  47  53
  59  61  67  71  73  79  83  89  97 101 103 107 109 113 127 131
 137 139 149 151 157 163 167 173 179 181 191 193 197 199 211 223
 227 229 233 239 241 251 257 263 269 271 277 281 283 293 307 311
 313 317 331 337 347 349 353 359 367 373 379 383 389 397 401 409
 419 421 431 433 439 443 449 457 461 463 467 479 487 491 499 503
 509 521 523 541 547 557 563 569 571 577 587 593 599 601 607 613
 617 619 631 641 643 647 653 659 661 673 677 683 691 701 709 719
 727 733 739 743 751 757 761 769 773 787 797 809 811 821 823 827
 829 839 853 857 859 863 877 881 883 887 907 911 919 929 937 941
 947 953 967 971 977 983 991 997
```

　なお、111は一見すると素数のように思われるが、「3 × 37 = 111」で素数ではない。

7-4 テイラー展開

べき乗や階乗などは単純な繰り返しで求めることができるが、指数関数や三角関数の値を求めるには数学の専門的知識が必要となる。関数のある点（x）の近傍を級数で表す方法の一つに、テイラー展開がある。

■ e^x をテイラー展開を用いて計算する

例題 7-4 e^x をテイラー（Taylor）展開を用いて計算する。自作の関数 myexp(x) を作り、組み込み関数の exp(x) と結果を並べて表示する。

e^x をテイラー展開すると次のようになる。

$$e^x = 1 + \frac{x}{1!} + \frac{x^2}{2!} + \frac{x^3}{3!} + \cdots + \frac{x^{k-1}}{(k-1)!} + \frac{x^k}{k!} + \cdots$$

上の式は無限級数となるので、実際の計算においては有限回で打ち切らなければならない。打ち切る条件は、k-1 項までの和を d、k 項までの和を s としたとき、

$$\frac{|s-d|}{|d|} < EPS$$

となったときである。|s-d|を打ち切り誤差、|s-d| / |d|を相対打ち切り誤差という。EPS の値は必要な精度に応じて適当に設定する。$EPS = 1e$-8とすれば、精度は8桁程度であると考えてよい。

```python
import math

def myexp(x):
    EPS = 1e-08
    s, e = 1.0, 1.0
    for k in range(1, 201):
        d = s
```

```
        e = e * x / k
        s += e
        if abs(s - d)  <EPS * abs(d):       # 打ち切り誤差
            return s
    return 0.0    # 収束しないとき

print('     x        myexp(x)          exp(x)')
for x in range(0, 41, 10):
    print(f'{x:5.1f}{myexp(x):14.6g}{math.exp(x):14.6g}')
```

実行結果

```
      x        myexp(x)          exp(x)
   0.0               1               1
  10.0         22026.5         22026.5
  20.0     4.85165e+08     4.85165e+08
  30.0     1.06865e+13     1.06865e+13
  40.0     2.35385e+17     2.35385e+17
```

■ cos(x)をテイラー展開を用いて計算する

練習問題　7-4　sin(x)やcos(x)をテイラー展開すると以下のようになる。

$$\sin(x) = x - \frac{x^3}{3!} + \frac{x^5}{5!} \cdots$$

$$\cos(x) = 1 - \frac{x^2}{2!} + \frac{x^4}{4!} - \frac{x^6}{6!} \cdots$$

このテイラー展開を使って自作のcos関数のmycos(x)を作り、組み込み関数の
cos(x)と結果を並べて表示しなさい。

```
import math

def mycos(x):
    EPS = 1e-08
    s, e = 1.0, 1.0
    x %= (2 * math.pi)    # xの値を0-2パイに収める
    for k in range(1, 201, 2):
        d = s
        e = -e * x * x / ( [ ① ] )
            [ ② ]
        if abs(s - d) < EPS * abs(d): # 打ち切り誤差
            return s
```

```
    return 9999.0                    # 収束しないとき

print('    x      mycos(x)         cos(x)')
for x in range(0, 181, 10):
    rdx = math.radians(x)
    print(f'{x:5.1f}{mycos(rdx):14.6f}{math.cos(rdx):14.6f}')
```

実行結果

```
    x      mycos(x)         cos(x)
   0.0     1.000000       1.000000
  10.0     0.984808       0.984808
  20.0     0.939693       0.939693
  30.0     0.866025       0.866025
  40.0     0.766044       0.766044
  50.0     0.642788       0.642788
  60.0     0.500000       0.500000
  70.0     0.342020       0.342020
  80.0     0.173648       0.173648
  90.0     0.000000       0.000000
 100.0    -0.173648      -0.173648
 110.0    -0.342020      -0.342020
 120.0    -0.500000      -0.500000
 130.0    -0.642788      -0.642788
 140.0    -0.766044      -0.766044
 150.0    -0.866025      -0.866025
 160.0    -0.939693      -0.939693
 170.0    -0.984808      -0.984808
 180.0    -1.000000      -1.000000
```

参考 | テイラー（Taylor）

　1700年前後のイギリスの数学者。テイラー級数は関数のある一点での導関数の値から計算される項の無限和として関数を表したものである。そのような級数を得ることをテイラー展開と呼ぶ。0を中心としたテイラー級数を、マクローリン級数と呼ぶ。

7-5 | ソート（並べ換え）

数字や文字を小さい順または大きい順に並べ換えることをソートと呼ぶ。Pythonにはリストに格納されたデータをソートするためのsortメソッドがある。

```python
a = [80, 50, 56, 30, 51, 70]
a.sort()
print(a)
```

実行結果

```
[30, 50, 51, 56, 70, 80]
```

ここでは、sortメソッドを使わずに自作でソートを作る方法を説明する。代表的なソート法として直接選択法とバブルソートがある。

■ 直接選択法

部分数列 $a_i \sim a_{n-1}$ の中から最小項を探し、それと a_i を交換することを、部分数列 $a_0 \sim a_{n-1}$ から始め、部分数列が a_{n-1} になるまで繰り返す。これが、直接選択法と呼ばれるソートである。次のような具体例で説明する。

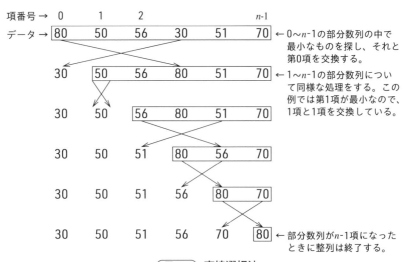

（図7.8）直接選択法

これをアルゴリズムとして記述すると次のようになる。

① 対象項iを0からn-2まで移しながら、以下を繰り返す。
　② 対象項を最小値の初期値とする。
　③ 対象項+1〜n-1項について以下を繰り返す。
　　④ 最小項を探し、その項番号をsに求める。
　⑤ i項とs項を交換する。

例題 **7-5-1** リストaの数値データを直接選択法で小さい順にソートする。

```python
a = [80, 50, 56, 30, 51, 70]
N = len(a)
for i in range(N - 1):
    Min = a[i]
    s = i
    for j in range(i + 1, N):
        if a[j] < Min:
            Min = a[j]
            s = j
    a[i], a[s] = a[s], a[i]  # a[i]とa[s]の交換

print(a)
```

実行結果

```
[30, 50, 51, 56, 70, 80]
```

「if a[j] < a[s]:」という比較を使えばMinは使わなくても良い。

■ バブルソート

隣接する2項を比較し、下の項（後の項）が上の項（前の項）より小さければ、両項の入れ替えを行うことを繰り返す。これはちょうど小さい項が泡（バブル）のように上へ上っていく様子に似ていることからバブルソートという。

図7.9のpass1についてだけ説明する。51と70を比較し、後者の方が大きいので交換しない。30と51を比較し後者の方が大きいので交換しない。56と30を比較し後者の方が小さいので交換する。50と30を比較し、後者の方が小さいので交換する。80と30を比較し、後者の方が小さいので交換する。第0項は30というデータで確定する。

これを pass2〜pass5 まで繰り返せばソートは完了する。各パスの比較回数はパスが進むにしたがって、1回づつ減っていくことになる。

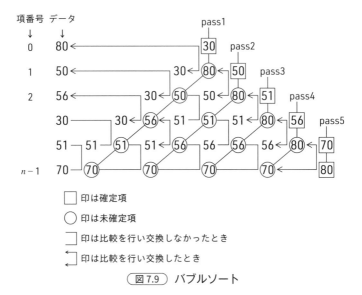

（図7.9）バブルソート

例 題 **7-5-2** リストaの数値データをバブルソートで小さい順にソートする。

```python
a = [80, 50, 56, 30, 51, 70]
N = len(a)
for i in range(N - 1):
    for j in range(N - 1, i, -1):
        if a[j] < a[j - 1]:
            a[j], a[j - 1] = a[j - 1], a[j]
print(a)
```

実行結果

```
[30, 50, 51, 56, 70, 80]
```

注 例題 7-5-2 では、リストの後ろの項から始め、小さいものを前に移動したが、以下のようにリストの先頭から始め、大きいものを後ろに移動してもよい。

```python
a = [80, 50, 56, 30, 51, 70]
N = len(a)
for i in range(N - 1, 0, -1):
    for j in range(i):
```

```
        if a[j] > a[j + 1]:
            a[j], a[j + 1] = a[j + 1], a[j]
print(a)
```

練習問題 7-5 名前をあいうえお順にバブルソートしなさい。英字やひらが
なは大小判断ができる。

```
class Person:
    def __init__(self, name, yomi):
        self.name = name
        self.yomi = yomi

a = [Person('河西', 'かさい'), Person('綾瀬', 'あやせ'),
     Person('山田', 'やまだ'), Person('佐藤', 'さとう')]
N = len(a)
for i in range(    ①    ):
    for j in range(0, i):
        if           ②           :
            a[j], a[j + 1] = a[j + 1], a[j]

for i in range(N):
    print(f'{a[i].name:s}:{a[i].yomi:s}')
```

実行結果

```
綾瀬:あやせ
河西:かさい
佐藤:さとう
山田:やまだ
```

■ ソートの種類

ソートは**表7.1**に示す6種類に大別できる。ソートに要する時間は、比較回数と
交換回数によりだいたい決まる。この回数は、ソートする数列のデータがどのよう
に並んでいる（正順に近い、逆順に近い、でたらめ）かにより異なる。したがって、
ソート時間を一概に論ずることはできないが基本形と改良形では、データ数が多く
（100以上）なったときに圧倒的な差が出る。

数列の長さがn倍になると、基本整列法では所要時間はほぼn^2倍になるのに対し、
シェルソートでは$n^{1.2}$倍、クイックソートやヒープソートでは$n\log_2 n$倍になる。

たとえば、nが10^6ならn^2は10^{12}、$n^{1.2} \approx 2 \times 10^7$、$n\log_2 n = 2 \times 10^7$となり、基本形は

改良型に比べ50,000倍もの差が出る。計算量のオーダー（order）を表すのに、$O(n^2)$、$O(n\log_2 n)$、$O(n^{1.2})$という表現を用いる。これをビッグO記法（big O-notation）と呼ぶ。$O(n^2)$は、データ数がn倍になれば計算量はn^2倍になることを示している。

	ソート法	特徴	計算量
基本形	基本交換法 （バブルソート）	隣接する2項を逐次交換する。 原理はかんたんだが、交換回数が多い。	$O(n^2)$
	基本選択法 （直接選択法）	数列から最大（最小）を探すことを繰り返す。 比較回数は多いが交換回数が少ない。	
	基本挿入法	整列された部分数列に対し該当項を適切な位置に挿入することを繰り返す。	
改良形	改良交換法 （クイックソート）	数列の要素を1つずつ取り出し、それが数列の中で何番目になるか、その位置を求める。	$O(n\log_2 n)$
	改良選択法 （ヒープソート）	数列をヒープ構造（一種の木構造）にしてソートを行う。	
	改良挿入法 （シェルソート）	数列をとび（gap）のあるいくつかの部分数列に分け、そのおのおのを基本挿入法でソートする。	$O(n^{1.2})$

注 これらのソート法については『プログラム技法』（二村良彦、オーム社）に系統的でわかりやすく書かれているので、それを参考にするとよい。

（表7.1） 代表的な内部ソート法

7-6 線形探索（リニアサーチ）

　線形探索（リニアサーチ）は、リストなどに格納されているデータを先頭から1つずつ順に調べていき、見つかればそこで探索を終了するという単純な探索法である。

　リストkanaには魚の「よみ」、リストfishには魚の「漢字」が入っている。「さば」で検索すると3番目のデータで見つかり、ここで検索を終了し、「鯖」と表示する。「こい」で検索すると最後まで行っても見つからないので「見つからない」と表示する。

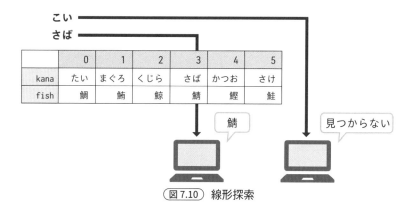

（図7.10）線形探索

例題 7-6 魚の名前をひらがなで入力する。データ入力の終わりは「/」とする。見つかっても見つからなくても、リストの最後まで探索を行う。リストkanaから該当データを線形探索し、見つかった位置をiとすれば、fish[i]で漢字表示する。

```python
kana = ['たい', 'まぐろ', 'くじら', 'さば', 'かつお', 'さけ']
fish = ['鯛', '鮪', '鯨', '鯖', '鰹', '鮭']
N = len(kana)  # データ数

while (key := input('検索することば?')) != '/':
    for i in range(N):
        if key == kana[i]:
            print(f'{key:s}{fish[i]:s}')
```

実行結果

```
検索することば?さけ
さけ:鮭
検索することば?たい
たい:鯛
検索することば?/
```

練習問題 7-6 見つかったらループを抜けるようにしなさい。「データが見つかった」ときには検索を終了した方が検索効率が良くなる。繰り返しの条件判定には、「添字がリストの範囲を超えないか」と「データが見つかったのか」の2つの判定で行う。ループを終了した時点で変数 i が kana の長さを超えていれば、「見つからなかった」と判定する。

```
kana = ['たい', 'まぐろ', 'くじら', 'さば', 'かつお', 'さけ']
fish = ['鯛', '鮪', '鯨', '鯖', '鰹', '鮭']
N = len(kana)  # データ数

while (key := input('検索することば?')) != '/':
    i=0
    while [          ①          ]:
        i += 1
    if [    ②    ]
        print(f'{key:s}:{fish[i]:s}')
    else:
        print('見つかりませんでした')
```

実行結果

```
検索することば?さけ
さけ:鮭
検索することば?こい
見つかりませんでした
検索することば?/
```

7-7 二分探索（バイナリサーチ）

■ 名前を二分探索で探す

　二分探索（バイナリサーチ）は、データがソートされて小さい順（または大きい順）に並んでいるときに有効な探索法である。たとえば、次のようなデータ群からデータの「かさい」を二分探索する場合を考える。

　探索範囲の下限を*low*、上限を*high*とし、*mid*=((*low* + *high*)//2)の位置のデータとキー（探すデータ）を比較する。もし、キーの方が大きければ、キーの位置は*mid*より上にあるはずなので、*low*を*mid*+1に狭め、逆にキーの方が小さければ、キーの位置は*mid*より下にあるはずなので、*high*を*mid*-1に狭める。これを、*low* ≦ *high*の間繰り返す。

	0	1	2	3	4	5	6	7	8
kana	いわい	うえの	かさい	きくち	こいけ	すずき	たなか	はま	やじま
name	岩井	上野	河西	菊池	小池	鈴木	田中	浜	矢島

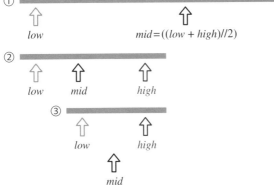

（図7.11）二分探索

　それでは、上のデータについて実際に「かさい」を探す二分探索を行ってみよう。

① 最初*low*=0、*high*=8なので、*mid*=(0+8)//2 = 4となり、4番目のデータ「こいけ」と探すデータ「かさい」を比較し、「かさい」の方が小さいので、*high*=4-1=3とする。

② *low*=0、*high*=3のとき、*mid*=(0+3)//2 = 1となり、1番目のデータ「うえの」
と探すデータ「かさい」を比較し、「かさい」の方が大きいので、*low*=0+1=1
とする。

③ *low*=1、*high*=3のとき、*mid*=(1+3)//2 = 2となり、2番目のデータ「かさい」
と探すデータ「かさい」を比較し、一致するのでこれでデータが探された。

　つまり、二分探索は、探索するデータ範囲を半分に分け、キーがどちらの半分に
あるかを調べることを繰り返し、調べる範囲をキーに向ってだんだんに絞っていく。
もし、キーが見つからなければ、*low*と*high*が逆転して*low*>*high*となったときに終
了する。

例 題 **7-7** kanaにひらがな、nameに漢字が格納してある。データはひらが
なの「あいうえお」順に並んでいる。二分探索で検索データを探す。

```
kana = ['いわい', 'うえの', 'かさい', 'きくち', 'こいけ',
        'すずき', 'たなか', 'はま', 'やじま']
name = ['岩井', '上野', '河西', '菊池', '小池',
        '鈴木', '田中', '浜', '矢島']

while (key := input('検索するなまえ?')) != '/':
    low = 0
    high = len(kana) - 1
    flag = 0
    while low <= high:
        mid = (low + high) // 2
        if kana[mid] == key:
            flag = 1
            break
        if kana[mid] < key:
            low = mid + 1
        else:
            high = mid - 1
    if flag == 1:
        print(name[mid])
    else:
        print('見つかりません')
```

実行結果

```
検索するなまえ?かさい
河西
検索するなまえ?あやせ
見つかりません
検索するなまえ?/
```

■ 鶴亀算を二分探索法で解く

練習問題　7-7　鶴亀算を二分探索法で解きなさい。鶴亀算とは「鶴と亀が合わせて100匹います。足の数の合計が274本なら、鶴と亀はそれぞれ何匹でしょう」という問題。

　亀が0と100の真ん中の50匹として、亀と鶴の足の総数は「50×4+50×2=300本」となる。「274本」より多いので、亀は49匹以下となり、0と49の真ん中の24匹とすれば「24×4 + 76×2=248本」となる。「274本」より少ないので、亀は25匹以上となり、25と49の真ん中の37匹とすれば「37×4+63×2=274本」となり、答えが求められた。

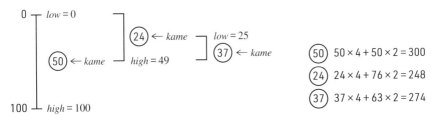

（図7.12）二分探索法による鶴亀算

```
low, high = 0, 100
while low <= high:
    kame = (low + high) // 2
    legs = kame*4 + (100 - kame)*2   # 足の総数
    if legs == 274:
        print(f'亀が{kame:d}鶴が{100 - kame:d}')
        break
    elif legs > 274:
        ①
    else:
        ②
```

実行結果

亀が37鶴が63

参 考 │ 鶴亀算を人間的手法で解く

　鶴亀算は連立方程式を使えばかんたんに求めることができるが、連立方程式を知らない小学生がこの問題を解くには、この二分探索に近い方法を使えば良い。亀が50匹より少ないことがわかれば、真ん中の24匹で調べずに、人間的な勘を働かせたとえば40匹で調べれば「40 × 4 + 60 × 2 = 280本」となり、より早く「274本」に近づいていく。

　二分探索法的な手法は、プログラミング的な手法といえる。これを人間的手法で解くなら次のようになる。

　鶴が100匹、亀が0匹とすれば、足の本数は200本で、274本より74本足りない。亀と鶴の足の本数の違いは「2本」なので、亀を1匹増やし、鶴を1匹減らせば、足の本数は2本増える。したがって、亀を0匹から74 ÷ 2 = 37匹に増やせばよい。

7-8 自己再編成探索

　線形探索では、データの先頭から1つ1つ調べていくので、後ろにあるものほど探索に時間がかかる。一般に一度使われたデータというのは再度使われる可能性が高いので、探索ごとに探索されたデータを前の方に移すようにすると、おのずと使用頻度の高いデータが前の方に移って来る。このような方法を自己再編成探索と呼ぶ。

　身近な例としては、ワープロで漢字変換をした場合、直前に変換した漢字が、今回の第一候補になる、いわゆる学習機能といわれるものがそうである。自己再編成探索はデータの入れ替えを探索のたびに行うので、データの挿入・削除が容易なリストで実現するのが適している。

　データを再編成する方法として、「探索データを先頭に移す」方法と「探索データを1つ前に移す」方法が考えられる。

■ 先頭に移す

> 例題 7-8　探索データを先頭に移す。

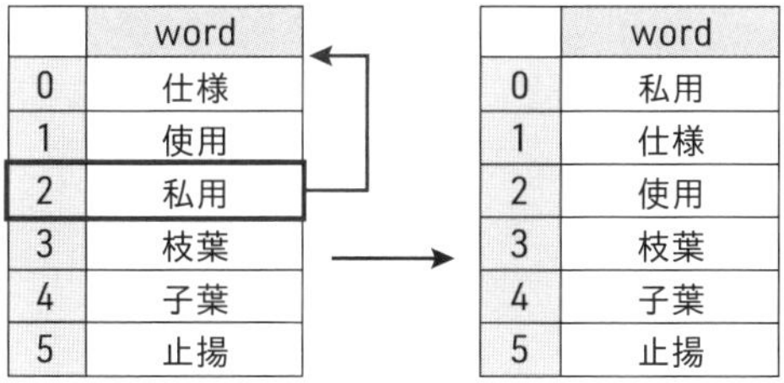

（図7.13）探索データを先頭に移す

```
def selforg(a):
    for i in range(len(word)):
        if a == word[i]:
            del word[i]
            word.insert(0, a)
            break
```

```
word = ['仕様', '使用', '私用', '枝葉', '子葉', '止揚']
selforg('私用')
print(word)

selforg('枝葉')
print(word)
```

実行結果

```
['私用', '仕様', '使用', '枝葉', '子葉', '止揚']
['枝葉', '私用', '仕様', '使用', '子葉', '止揚']
```

■ 1つ前に移す

練習問題 7-8 検索したデータを1つ前に移しなさい。

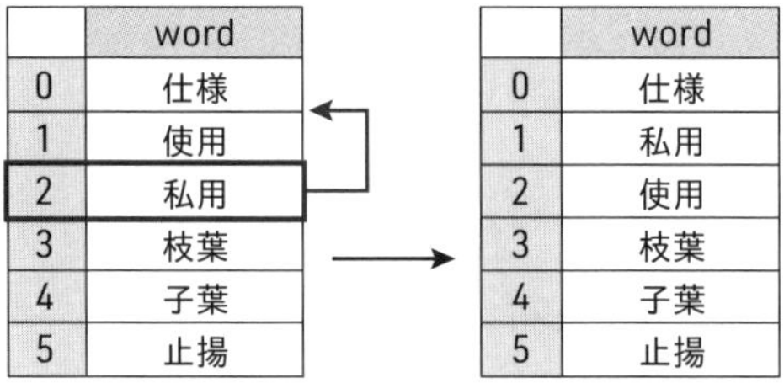

（図7.14）探索データを1つ前に移す

```
def selforg(a):
    for i in range(len(word)):
        if a == word[i] and     ①    :
            word[i - 1], word[i] =            ②
            break

word = ['仕様', '使用', '私用', '枝葉', '子葉', '止揚']
selforg('私用')
print(word)

selforg('私用')
print(word)
```

実行結果

```
['仕様', '私用', '使用', '枝葉', '子葉', '止揚']
['私用', '仕様', '使用', '枝葉', '子葉', '止揚']
```

7-9 | ハッシュ

　たとえば、社員番号のような数値データを元にして管理できるデータは、この番号を添字（レコード番号）にしてリスト（ファイル）に格納しておけば、添字を元に即座にデータを参照することができる。ところが、番号で管理できないデータ（名前などの非数値データ）をキーにしてサーチする場合は工夫が必要になる。

　ハッシング（hashing）は、キーの取り得る範囲の集合を、ある限られた数値範囲（レコード番号やリストの添字番号などに対応する）に写像する方法である。この写像を行う変換関数をハッシュ関数と呼ぶ。

　たとえば、ハッシュ関数として次のようなものを考える。キーは英字の大文字からなる名前とし、A_1、A_2、$A_3 \cdots$、A_nのn文字からなるものとする。キーの長さがn文字とすると、取り得る名前の組み合わせは26^n個存在することになり、きわめて大きな数値範囲になってしまう。そこで、キーの先頭A_1、中間$A_{n/2}$、終わりから2番目A_{n-1}の3文字を用いて以下の関数を設定する。最後の文字でなく終わりから2番目の文字を使うのは、最後の文字はA、I、U、E、Oの5種類の母音に限られてしまうからである。

$$\text{hash}(A_1 A_2 \cdots A_n) = (A_1 + A_{n/2} \times 26 + A_{n-1} \times 26^2) \% 1000$$

たとえば、キーが 'SUZUKI' なら、

$$
\begin{aligned}
\text{hash}('SUZUKI') &= (\,('S'-'A') + ('Z'-'A') \times 26 + ('K'-'A') \times 26^2)\, \% 1000 \\
&= (18 + 650 + 6760) \% 1000 \\
&= 428
\end{aligned}
$$

となるから、428という数値をリストなら添字、ファイルならレコード番号とみなして、キーの 'SUZUKI' を対応づければよい。

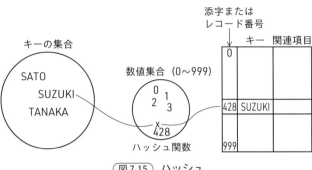

（図7.15）ハッシュ

例題 **7-9** dataに格納されているデータをhash関数でtableに登録する。

```
class Person:
    def __init__(self, name, tel):
        self.name = name
        self.tel = tel

def hash(s):    # ハッシュ関数
    n = len(s)
    return ((ord(s[0]) - ord('A')
            + (ord(s[n // 2 - 1]) - ord('A')) * 26
            + (ord(s[n - 2]) - ord('A')) * 26 * 26) % ModSize)

TableSize = 1000
ModSize = 1000
table = [Person('', '') for i in range(TableSize)]  # データ・テーブル
data = [Person('SATO', '03-111-1111'),
        Person('TANAKA', '03-222-2222'),
        Person('SUZUKI', '03-333-3333')]

for i in range(0, len(data)):
    n = hash(data[i].name)
    table[n] = data[i]

n = hash('SUZUKI')
print(f'{n:d}:{table[n].name:s} {table[n].tel:s}')
```

実行結果

```
428:SUZUKI 03-333-3333
```

> 練習問題 **7-9** ひらがなデータをハッシュして**table**に登録しなさい。

```python
class Person:
    def __init__(self, name, tel):
        self.name = name
        self.tel = tel

def hash(s):      # ハッシュ関数
    n = len(s)
    return ((ord(s[0]) -  ①  )
            + (ord(s[n // 2 - 1]) -  ②  ) * 26
            + (ord(s[n - 2]) -  ③  ) * 26 * 26) % ModSize)

TableSize = 1000
ModSize = 1000
table = [Person('', '') for i in range(TableSize)]  # データ・テーブル
data = [Person('さとう', '03-111-1111'),
        Person('たなか', '03-222-2222'),
        Person('すずき', '03-333-3333')]

for i in range(0, len(data)):
    n = hash(data[i].name)
    table[n] = data[i]

n = hash('すずき')
print(f'{n:d}:{table[n].name:s} {table[n].tel:s}')
```

実行結果

```
845:すずき 03-333-3333
```

参考 | 辞書の利用

Pythonでは辞書を使えば、hash関数を作らなくても、名前を添字にしてデータを格納できる。

```python
dat = {}  # 辞書
dat['SUZUKI'] = '03-111-1111'
dat['SATO'] = '03-222-2222'
print(dat['SUZUKI'])
print(dat['SATO'])
```

7-10 決定木

二分木の中で、ノードの内容の意味の持たせ方で、決定木、二分探索木などに分かれる。質問項目にyes、noで枝分かれするような木を決定木と呼ぶ。

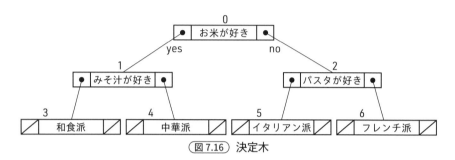

（図7.16）決定木

質問内容をnode、左へのポインタをleft、右へのポインタをrightとする。ポインタは連結するリスト要素の添字となる。たとえばノード0の左へのポインタはノード1を指しているので「1」、右へのポインタはノード2を指しているので「2」となる。子を持たない葉ノードのポインタ部には「-1」を置くことにする。

添字	左へのポインタ left	質問内容 node	右へのポインタ right
0	1	お米が好き	2
1	3	みそ汁が好き	4
2	5	パスタが好き	6
3	-1	和食派	-1
4	-1	中華派	-1
5	-1	イタリアン派	-1
6	-1	フレンチ派	-1

（表7.2）質問内容と左右のポインタ

例題 **7-10** 以下のように実行する決定木のプログラムを作成する。

・質問に対しYesなら「y」、Noなら「n」を入力する。

・「y」が入力されたら、変数pをp番目のleftの内容にする。決定木で左へ進むことになる。

・「n」が入力されたら、変数pをp番目のrightの内容にする。決定木で右へ
進むことになる。

実行結果

```
お米が好き?y
みそ汁が好き?n
答えは 中華派 です
```

```python
class Question:
    def __init__(self, left, node, right):
        self.left = left
        self.node = node
        self.right = right

nil = -1
a = [Question(  1, 'お米が好き?',    2),
     Question(  3, 'みそ汁が好き?',  4),
     Question(  5, 'パスタが好き?',  6),
     Question(nil, '和食派',        nil),
     Question(nil, '中華派',        nil),
     Question(nil, 'イタリアン',    nil),
     Question(nil, 'フレンチ',      nil)]

p = 0
while a[p].left != nil:    # 木のサーチ
    c = input(a[p].node)
    if c == 'y' or c == 'Y':
        p=a[p].left
    else:
        p=a[p].right
print(f'答えは {a[p].node:s} です')
```

練習問題　7-10　以下のような決定木のプログラムを作りなさい。

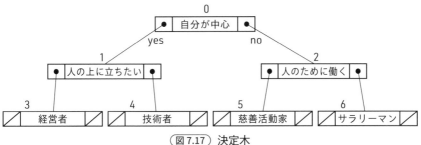

（図7.17）決定木

プログラミング的思考の実践③〜アルゴリズム

259

```
class Question:
    def __init__(self, left, node, right):
        self.left = left
        self.node = node
        self.right = right

nil = -1
a = [Question(              ①              ),
     Question(              ②              ),
     Question(              ③              ),
     Question(nil, '経営者',        nil),
     Question(nil, '技術者',        nil),
     Question(nil, '慈善活動家',     nil),
     Question(nil, 'サラリーマン',   nil)]

p = 0
while a[p].left != nil:    # 木のサーチ
    c = input(a[p].node)
    if c == 'y' or c == 'Y':
        p=a[p].left
    else:
        p=a[p].right
print(f'答えは {a[p].node:s} です')
```

　ここで紹介したプログラムは、質問2回で解答という極めて大雑把な決定木で
あった。次のように木の階層を深くすることで、きめ細かい決定木にすることがで
きる。

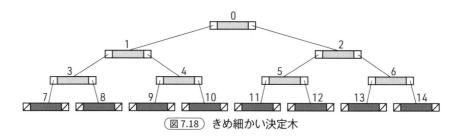

（図7.18）きめ細かい決定木

260

7-11 ハノイの塔の シミュレーション

　ハノイの塔の円盤の移動をシミュレーションする。スタックというデータ構造を使うところがポイントである。

　棒a、b、cの円盤の状態をスタックpie[][0]、pie[][1]、pie[][2]にそれぞれ格納し、円盤の最上位位置をスタック・ポインタsp[0]、sp[1]、sp[2]で管理する。円盤は1番小さいものから1、2、3、…という番号を与える。

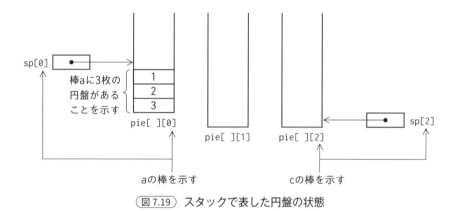

（図7.19）スタックで表した円盤の状態

　棒sの最上位の円盤を棒dに移す動作は、

```
pie[sp[d]][d] = pie[sp[s] - 1][s]
```

と表せる。

例題 **7-11**　ハノイの塔の円盤（3枚の場合）の移動をシミュレーションする。

```
def hanoi(n, a, b, c):      # 再帰手続
    if n > 0:
        hanoi(n - 1, a, c, b)
        move(n, a, b)
        hanoi(n - 1, c, b, a)

def move(n, s, d):          # 円盤の移動シミュレーション
```

```
    pie[sp[d]][d] = pie[sp[s] - 1][s]    # s->dへ円盤の移動
    sp[d] += 1                           # スタック・ポインタの更新
    sp[s] -= 1
    for i in range(N - 1, -1, -1):
        for j in range(3):
            if i < sp[j]:
                print(f'{pie[i][j]:8d}', end='')
            else:
                print('        ', end='')
        print()
    print('        a        b        c')
    print(f'{n:d} 番の円盤を {chr(ord("a") + s):s}-->{chr(ord("a") + ⏎
d):s} に移す')

N = 3
pie = [[0] * 3 for i in range(20)]    # 20:円盤の最大枚数，3:棒の数
sp = [N, 0, 0]                        # スタック・ポインタの初期設定

for i in range(N):                    # 棒aに円盤を積む
    pie[i][0] = N - i

hanoi(N, 0, 1, 2)
```

'の中にあるので
"としている

実行結果

```
        2
        3        1
        a        b        c
1 番の円盤を  a-->b  に移す


        3        1        2
        a        b        c
2 番の円盤を  a-->c  に移す


        3                 1
        a        b        c
1 番の円盤を  b-->c  に移す


                          1
        3                 2
        a        b        c
3 番の円盤を  a-->b  に移す
```

```
        1        3        2
        a        b        c
1 番の円盤を  c-->a  に移す


                 2
        1        3
        a        b        c
2 番の円盤を  c-->b  に移す


                 1
                 2
                 3
        a        b        c
1 番の円盤を  a-->b  に移す
```

参考 | スタック

データ構造の一つにスタックがある。データを棚（stack）の下部から順に積んでいき、必要に応じて上部から取り出していく方式（last in first out：後入れ先出し）のデータ構造をスタック（stack：棚）という。

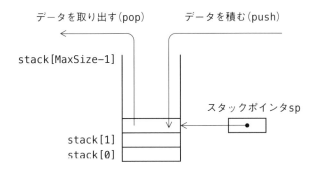

（図7.20） プッシュ／ポップ

データをスタックに積む動作を push、スタックから取り出す動作を pop と呼ぶ。スタック上のデータがどこまで入っているかをスタック・ポインタ sp で管理する。

データがスタックに push されるたびに sp の値は +1 され、pop されるたびに -1 される。

7

プログラミング的思考の実践③〜アルゴリズム

7-12 迷路

■ 迷路リスト

　次のような迷路を解く問題を考える。この迷路図の1つのマスを要素とする2次元リストを考え、□は通過できるので「0」、■は通過できないので「2」というデータを与えることにする。また、マスの縦方向をi、横方向をjで管理することにすると、迷路内の位置は(i,j)で表せる。問題を解きやすくするために（探索の過程で外に飛び出してしまわないように）、外側をすべて壁（「2」）で囲むことにする。

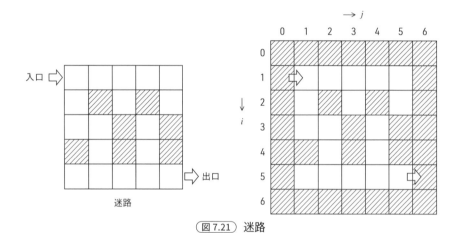

(図7.21) 迷路

■ 迷路を再帰的に進む

　(i, j)位置から次の位置へ進む試みは図7.22のように①、②、③、④の順に行い、もしその進もうとする位置が通行可なら、そこに進み、だめなら次の方向を試みる。これを出口に到達するまで繰り返す。なお、一度通過した位置は再トライしないように、リスト要素に「1」を入れる。

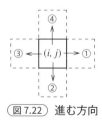

(図7.22) 進む方向

(*i,j*) 位置を訪問する関数をvisit(i,j)とすると、迷路を進むアルゴリズムは次のようになる。

① (*i,j*) 位置に「1」をつける。
② 脱出口に到達しない間、以下を行う。
　③ もし、右が空いていればvisit(i,j + 1)を行う。
　④ もし、下が空いていればvisit(i + 1,j)を行う。
　⑤ もし、左が空いていればvisit(i,j - 1)を行う。
　⑥ もし、上が空いていればvisit(i - 1,j)を行う。
⑦ 脱出口に到達していれば通過してきた位置(*i,j*)を表示。

進める位置は出口から入口に向かって「(5,5) (5,4) (5,3)…」のように表示される。このプログラムを実行したときの迷路の探索は次のように行われる。

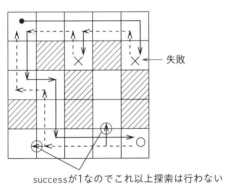

successが1なのでこれ以上探索は行わない

〈図7.23〉 迷路の探索

例題 7-12 リストmの迷路リストに対し(1,1)を入口、(5,5)を出口として迷路を探索し、その経路を出口から順に表示する。

```python
def visit(i, j):
    global success, result
    m[i][j] = 1          # 訪れた位置に印をつける

    if i == Ei and j == Ej: # 出口に到達したとき
        success = 1
                         # 出口に到達しない間迷路をさまよう
```

```
        if success != 1 and m[i][j + 1] == 0:
            visit(i, j + 1)
        if success != 1 and m[i + 1][j] == 0:
            visit(i + 1, j)
        if success != 1 and m[i][j - 1] == 0:
            visit(i,j - 1)
        if success != 1 and m[i - 1][j] == 0:
            visit(i - 1, j)

        if success == 1:          # 通過点の表示
            result += f'({i:d},{j:d}) '
        return success

m = [[2, 2, 2, 2, 2, 2, 2],   # 迷路
     [2, 0, 0, 0, 0, 0, 2],
     [2, 0, 2, 0, 2, 0, 2],
     [2, 0, 0, 2, 0, 2, 2],
     [2, 2, 0, 2, 0, 2, 2],
     [2, 0, 0, 0, 0, 0, 2],
     [2, 2, 2, 2, 2, 2, 2]]

success = 0                 # 脱出に成功したかを示すフラグ
Si, Sj, Ei, Ej = 1, 1, 5, 5      # 入口と出口の位置

print('迷路の探索')
result = ''
if visit(Si, Sj) == 1:
    print(result)
else:
    print('出口は見つかりませんでした')
```

実行結果

```
迷路の探索
(5,5) (5,4) (5,3) (5,2) (4,2) (3,2) (3,1) (2,1) (1,1)
```

第7章

7-13 ペイント処理

図7.24のような2次元リストで、「2」で囲まれた「0」の領域を「1」で埋める。グラフィックス処理でいうペイント処理である。ペイント開始点を(1,1)とする。

2	2	2	2	2	2	2	2	2	2
2	0	0	0	0	0	0	0	0	2
2	0	0	0	0	0	0	0	0	2
2	0	2	2	2	2	2	2	2	2
2	0	2	0	0	2	0	2	0	2
2	0	2	0	0	2	0	2	0	2
2	0	2	2	2	2	0	2	0	2
2	0	0	0	0	0	0	2	0	2
2	0	0	0	0	0	0	0	0	2
2	2	2	2	2	2	2	2	2	2

ペイント開始点 (1,1)

この領域は「1」で埋めない

図7.24 ペイント処理

例題 7-13 例題7-12の`visit`関数を、訪問した位置に「1」を置くだけの処理に変更する。

```
def visit(i, j):
    m[i][j] = 1
    if m[i][j + 1] == 0:
        visit(i, j + 1)
    if m[i + 1][j] == 0:
        visit(i + 1, j)
    if m[i][j - 1] == 0:
        visit(i, j - 1)
    if m[i - 1][j] == 0:
        visit(i - 1, j)

m = [[2, 2, 2, 2, 2, 2, 2, 2, 2, 2],
     [2, 0, 0, 0, 0, 0, 0, 0, 0, 2],
     [2, 0, 0, 0, 0, 0, 0, 0, 0, 2],
     [2, 0, 2, 2, 2, 2, 2, 2, 2, 2],
```

```
    [2, 0, 2, 0, 0, 2, 0, 2, 0, 2],
    [2, 0, 2, 0, 0, 2, 0, 2, 0, 2],
    [2, 0, 2, 2, 2, 2, 0, 2, 0, 2],
    [2, 0, 0, 0, 0, 0, 0, 2, 0, 2],
    [2, 0, 0, 0, 0, 0, 0, 0, 0, 2],
    [2, 2, 2, 2, 2, 2, 2, 2, 2, 2]]

visit(1, 1)

for i in range(len(m)):
    for j in range(len(m[0])):
        print(f'{m[i][j]:2d}', end='')
    print()
```

実行結果

```
2 2 2 2 2 2 2 2 2
2 1 1 1 1 1 1 1 2
2 1 1 1 1 1 1 1 2
2 1 2 2 2 2 2 2 2
2 1 2 0 0 2 1 2 1 2
2 1 2 0 0 2 1 2 1 2
2 1 2 2 2 2 1 2 1 2
2 1 1 1 1 1 1 2 1 2
2 1 1 1 1 1 1 1 2
2 2 2 2 2 2 2 2 2
```

7-14 3次元座標変換

■ 軸測投影

3次元図形を2次元平面に投影したときに、立体的に見えるようにするために3次元回転変換を行う。平行光線による3次元図形のx-y平面への投影を軸測投影と呼ぶ。

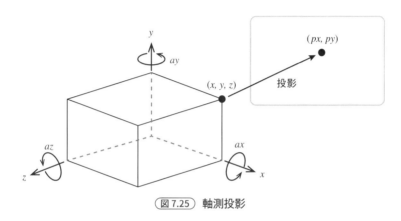

(図7.25) 軸測投影

3次元座標(x, y, z)をx、y、z軸回りにそれぞれax、ay、az回転したときの座標値を2次元平面に投影したときの座標を(px,py)に求める関数rotateは以下のようになる。

```
def rotate(ax, ay, az, x, y, z):      # 3次元回転変換
    x1 = x*math.cos(ay) + z*math.sin(ay)      # y軸回り
    y1 = y
    z1 = -x*math.sin(ay) + z*math.cos(ay)
    x2 = x1                                    # x軸回り
    y2 = y1*math.cos(ax) - z1*math.sin(ax)
    px = x2*math.cos(az) - y2*math.sin(az)    # z軸回り
    py = x2*math.sin(az) + y2*math.cos(az)
    return px, py
```

注 z軸周りの回転は行わず、x、y軸周りの回転だけでも立体的に見える。

例 題 7-14　以下のような家の各点のデータをリストaに格納する。aに格納する1つの点のデータは、始点を示すfと座標x、y、zである。これを軸測投影で表示する。4-4で示したglib.pyを使う。1つ目の直線群は①の点から始め、②③④⑤⑥⑦⑧と直線を引く。

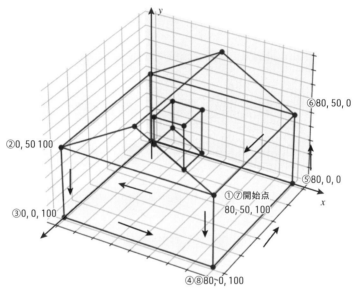

（図7.26）家の各点のデータ

	0	1	2	3	4	5	6	7	8	9
f	−1	1	1	1	1	1	1	1	−1	1
x	80	0	0	80	80	80	80	80	0	0
y	50	50	0	0	0	50	50	0	50	50
z	100	100	100	100	0	0	100	100	100	0

点群の最初　　　　1つ目の直線群　　　　　点群の最初

（表7.3）リストaに格納する点のデータ

```
!pip3 install ColabTurtle

import math
from google.colab import files  # モジュールのアップロード
upload = files.upload()
import glib

def rotate(ax, ay, az, x, y, z):      # 3次元回転変換
    x1 = x*math.cos(ay) + z*math.sin(ay)       # y軸回り
    y1 = y
    z1 = -x*math.sin(ay) + z*math.cos(ay)
    x2 = x1                                      # x軸回り
    y2 = y1*math.cos(ax) - z1*math.sin(ax)
    px = x2*math.cos(az) - y2*math.sin(az)       # z軸回り
    py = x2*math.sin(az) + y2*math.cos(az)
    return px, py


a = [[-1, 80, 50, 100], [1, 0, 50, 100],   [1, 0, 0, 100],    [1, 80, 0, 100],
     [1, 80, 0, 0],     [1, 80, 50, 0],    [1, 80, 50, 100],  [1, 80, 0, 100],
     [-1, 0, 50, 100],  [1, 0, 50, 0],     [1, 0, 0, 0],      [1, 0, 0, 100],
     [-1, 0, 50, 0],    [1, 80, 50, 0],    [-1, 0, 0, 0],     [1, 80, 0, 0],
     [-1, 0, 50, 100],  [1, 40, 80, 100],  [1, 80, 50, 100],  [-1, 0, 50, 0],
     [1, 40, 80, 0],    [1, 80, 50, 0],    [-1, 40, 80, 100], [1, 40, 80, 0],
     [-1, 50, 72, 100], [1, 50, 90, 100],  [1, 65, 90, 100],  [1, 65, 61, 100],
     [1, 65, 61, 80],   [1, 65, 90, 80],   [1, 50, 90, 80],   [1, 50, 90, 100],
     [-1, 65, 90, 100], [1, 65, 90, 80],   [-1, 50, 90, 80],  [1, 50, 72, 80],
     [1, 65, 61, 80],   [-1, 50, 72, 100], [1, 50, 72, 80]]

glib.ginit(400, 400)

ax = math.radians(20)
ay = math.radians(-45)
az = math.radians(0)

for k in range(len(a)):
    px, py = rotate(ax, ay, az, a[k][1], a[k][2], a[k][3])
    if a[k][0] == -1:
        glib.setpoint(px, py)
    else:
        glib.moveto(px, py)
```

実行結果

α =20°、β =-45°、γ =0°

α =45°、β =-45°、γ =0°

練習問題 **7-14**　例題7-14の家を2倍の大きさで表示しなさい。

```
!pip3 install ColabTurtle

（中略）

for k in range(len(a)):
    px, py = rotate(ax, ay, az, a[k][1], a[k][2], a[k][3])
    if a[k][0] == -1:
        glib.setpoint(        ①        )
    else:
        glib.moveto(       ②        )
```

実行結果

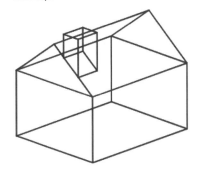

7-15 回転体モデル

回転体は基本となる2次元図形をy軸回りに回転したときの座標を計算式で求めることができる。回転体の2次元データはリストyに高さ、リストrにy軸回りの半径が入っている。i番目の点のx座標とz座標は以下の式で得られる。

```
x = r[i]・cos(θ)
z = r[i]・sin(θ)
```

> **例題 7-15** 上の式で得られたx、zとy[i]をrotate(ax, ay, az, x, y[i], z)で3次元回転変換し、得られる平面座標(px, py)を基に回転体を描く。この際、より立体的に見えるように、y軸回りの回転軌跡と各点を結ぶ稜線を描く。4-4で示したglib.pyを使う。

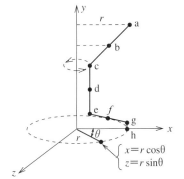 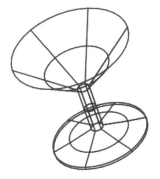

（図7.27）ワイングラス

	0	1	2	3	4	5	6	7
y	180	140	100	60	20	10	4	0
r	100	55	10	10	10	50	80	80

（表7.4）リストyの高さとリストrのy軸回りの半径

```
!pip3 install ColabTurtle

import math
from google.colab import files  # モジュールのアップロード
upload = files.upload()
import glib

def rotate(ax, ay, az, x, y, z):        # 3次元回転変換
    x1 = x*math.cos(ay) + z*math.sin(ay)     # y軸回り
    y1 = y
    z1 = -x*math.sin(ay) + z*math.cos(ay)
    x2 = x1                                   # x軸回り
    y2 = y1*math.cos(ax) - z1*math.sin(ax)
    px = x2*math.cos(az) - y2*math.sin(az)   # z軸回り
    py = x2*math.sin(az) + y2*math.cos(az)
    return px, py

glib.ginit(600, 600)

y = [180, 140, 100, 60, 20, 10, 4, 0]
r = [100, 55, 10, 10, 10, 50, 80, 80]

ax = math.radians(35)
ay = math.radians(0)
az = math.radians(20)

for i in range(len(y)):
    for n in range(0, 370, 10):
        x = r[i] * math.cos(math.radians(n))
        z = r[i] * math.sin(math.radians(n))
        px, py = rotate(ax, ay, az, x, y[i], z)
        if n == 0:
            glib.setpoint(px, py)
        else:
            glib.moveto(px, py)

for n in range(0, 370, 60):
    for i in range(len(y)):
        x = r[i] * math.cos(math.radians(n))
        z = r[i] * math.sin(math.radians(n))
        px, py = rotate(ax, ay, az, x, y[i], z)
        if i == 0:
            glib.setpoint(px, py)
        else:
            glib.moveto(px, py)
```

> 練習問題　7-15　例題7-15のプログラムを参考に、以下のようなデータで回
> 転体を作りなさい。

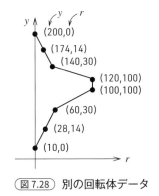

（図7.28）別の回転体データ

```
!pip3 install ColabTurtle

（中略）

y = [                ①                ]
r = [                ②                ]

（以下略）
```

実行結果

7-16 3次元関数

　家のデータを3次元表示することについては**7-14**で説明したが、これには各頂点のデータが必要になり、複雑な立体を表現するにはかなり多くのデータが必要になる。ここでは、3次元関数を表示する。関数は式で示されているため、データは不要で、労力のいらない割には比較的複雑な図形を楽しめる。

例 題　7-16　以下の3次元関数のグラフを描く。**4-4**で示した**glib.py**を使う。

$$y = 70 \cos\left(\sqrt{x^2 + z^2}\right)$$

- zを180〜-180まで-10きざみで変化させる。
- xを-180〜180まで5きざみで変化させる。
- $y = 70 \cos\left(\sqrt{x^2 + z^2}\right)$の値を計算する。
- 関数rotateを呼び出し、3次元回転変換した座標を(px, py)に求める。

```
!pip3 install ColabTurtle

import math
from google.colab import files  # モジュールのアップロード
upload = files.upload()
import glib

def rotate(ax,ay,az,x,y,z):     # 3次元回転変換
    x1 = x*math.cos(ay) + z*math.sin(ay)    # y軸回り
    y1 = y
    z1 = -x*math.sin(ay) + z*math.cos(ay)
    x2 = x1                              # x軸回り
    y2 = y1*math.cos(ax) - z1*math.sin(ax)
    px = x2*math.cos(az) - y2*math.sin(az)  # z軸回り
    py = x2*math.sin(az) + y2*math.cos(az)
    return px,py

glib.ginit(600, 600)

ax = math.radians(30)
ay = math.radians(-30)
```

```
az = math.radians(0)

for z in range(180, -181, -10):
    for x in range(-180, 181, 5):
        y = 70 * math.cos(math.radians(math.sqrt(x*x + z*z)))
        px, py = rotate(ax, ay, az, x, y, z)
        if x == -180:
            glib.setpoint(px, py)
        else:
            glib.moveto(px, py)
```

実行結果

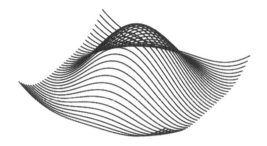

練習問題 **7-16-1** 例題7-16のプログラムを参考に、以下の3次元関数のグラフを描きなさい。

$$y = 30\left(\cos\left(\sqrt{x^2 + z^2}\right) + \cos\left(3\sqrt{x^2 + z^2}\right)\right)$$

```
!pip3 install ColabTurtle
```

（中略）

```
y = (30 * ( ___①___ (math.radians(math.sqrt( ___②___ )))
    + math.cos(math.radians(3 * math.sqrt(x*x + z*z)))))
```

（以下略）

プログラミング的思考の実践③〜アルゴリズム

実行結果

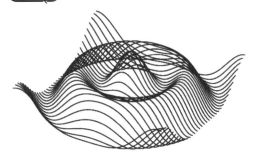

練習問題 **7-16-2** 例題7-16のプログラムを参考に、以下の3次元関数のグラフを描きなさい。

$$y = 900 / \sqrt{\sqrt{(x-50)^2 + (z+50)^2 + 100}} - 900 / \sqrt{\sqrt{(x+50)^2 + (z-50)^2 + 100}}$$

```
!pip3 install ColabTurtle

（中略）

y = (900 /      ①      (math.sqrt(       ②       + (z + 50)*(z + 50) + 100))
     -900 / math.sqrt(math.sqrt((x + 50)*(x + 50)+(z - 50)*(z-50) + 100)))

（以下略）
```

実行結果

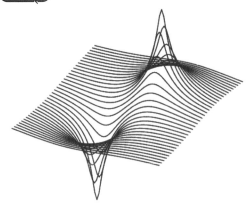

278

7-17 21を言ったら負けゲーム

■ どうやったら勝てるのか

21を言ったら負けゲームのルールは「1～21の数字を交互に言い合う」、「1度に言える数は、連続して3つまで」、「21を言ったら負け」である。

「21」を言ったら負けということは相手に「20」を言われたら負けということになる。「20」を抑えるにはその前に「16」を抑える必要があり、…と続けていけば、最初に「4」を抑えた方が必ず勝つことになる。ここで、連続して3つまで言えるというルールが重要になる。先手が「1」と言えば、後手は「2,3,4」と言い、先手が「1,2」と言えば、後手は「3,4」と言い、先手が「1,2,3」と言えば、後手は「4」と言えば良く、必ず後手は「4」を抑えることができる。以後、後手は「8,12,16,20」と抑えていけば良い。

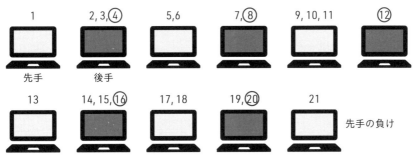

（図7.29）21を言ったら負けゲーム

例 題　7-17　　先手を人間、後手をコンピュータとする「21を言ったら負けゲーム」を作る。先手の人間の答えは「1,2」や「1,2,3」などの文字列で入力することにする。この文字列から最後の数字を取り出す。

最後の数字の入力パターンは、「,」で区切った複数の数字列で最後が1桁の場合（①）と2桁の場合（②）、単独の数字で1桁の場合（③）と2桁の場合（④）の4種類である。

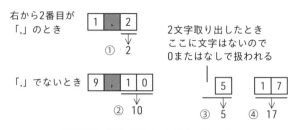

(図7.30) 最後の数字の入力パターン

この4つのパターンを条件分けするには、「文字列の右から2番目が「,」なら」という単純な判定でうまくいく。

```python
ans = 1
count = 1
while ans < 20:
    kotae = input('数字を入力して')
    N = len(kotae)
    if kotae[N - 2] == ',':      # 人間の答えの最後の数字を取り出す
        ans = int(kotae[N - 1])
    else:
        ans = int(kotae[N - 2:N])
    print('僕の答えは', end='')
    while ans < count * 4:       # コンピュータの答え
        ans += 1
        print(f'{ans:3d}', end='')
    print()
    count += 1
print('僕が20と言ったので君の負け')
```

実行結果

```
数字を入力して1,2,3
僕の答えは   4
数字を入力して5
僕の答えは   6   7   8
数字を入力して9,10
僕の答えは  11  12
数字を入力して13
僕の答えは  14  15  16
数字を入力して17,18
僕の答えは  19  20
僕が20と言ったので君の負け
```

参考 │ 後手必勝ゲーム

　先手後手どちらが有利かといえば、先手有利のゲームの方が多い中で「21を言っ
たら負けゲーム」は数少ない後手必勝ゲームである。プロ棋士の将棋では先手の勝
率は約52％（理論値でなく経験値）とわずかながら先手が有利だそうである。

7-18 戦略を持つじゃんけん

■ じゃんけんの勝ち負け判定

じゃんけんは三すくみの典型である。三すくみは「三者が牽制している状態のこと」で、どれが一番強いかはわからない。グーはチョキに勝ち、チョキはパーに勝ち、パーはグーに勝つ。つまり「グー、チョキ、パー」のどれが一番強いかはわからない。

グー、チョキ、パーをそれぞれ0、1、2で表し、コンピュータと人間の手の対戦表を作ると以下のようになる。

computer ＼ man	グー 0	チョキ 1	パー 2
グー 0	－	○	×
チョキ 1	×	－	○
パー 2	○	×	－

（表7.5） computer にとっての勝ち負け

computer と man にそれぞれ0〜2のデータが入っていたとき、

```
(computer - man + 3) % 3
```

の値により次のように判定できる。

0 … 引き分け
1 … コンピュータの負け
2 … コンピュータの勝ち

例題 7-18 人間とコンピュータでじゃんけん対戦をする。人間は「0:グー、1:チョキ、2:パー」の値を入力する。コンピュータは乱数で0~2の値を得る。

```python
import random
msg = ['引き分け', 'あなたの勝ち', 'あなたの負け']
hand = ['グー', 'チョキ', 'パー']

while True:
    computer = random.randint(0, 2)
    man = int(input('あなたの手(0:グー,1:チョキ,2:パー)'))
    judge = (computer  -man + 3) % 3
    print(f'あなたの手{hand[man]:s}')
    print(f'コンピュータの手{hand[computer]:s}')
    print(msg[judge])
```

実行結果

```
あなたの手(0:グー,1:チョキ,2:パー)2
あなたの手パー
コンピュータの手パー
引き分け
あなたの手(0:グー,1:チョキ,2:パー)0
あなたの手グー
コンピュータの手パー
あなたの負け
あなたの手(0:グー,1:チョキ,2:パー)
```

注 このプログラムには終了条件がないので、停止ボタンで終了すること。

■ コンピュータ側に戦略を持たせる

　コンピュータ側に戦略を持たせる。パーの次にグーを出す傾向が強いなど、前に自分の出した手に影響を受けて次の手が決まる癖のある人間がいたとする。このような人間に対して、コンピュータは次のような戦略を取ることにする。

　人間が1つ前に出した手をM、今出した手をmanとするときに、戦略テーブルのtable(M,man) の内容を＋1する。これをじゃんけんのたびに行っていくと、戦略テーブルに相手の癖のデータが蓄積されていく。コンピュータはこの表を見ながら、相手はグーの後にパー、チョキの後にグー、パーの後にチョキを出しやすいことがわかる。したがって、相手の前の手がグーなら、今回パーを出す可能性が高いのだから、コンピュータはチョキを出せば勝てる可能性が高いことになる。

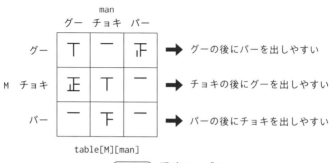

（図7.31） 戦略テーブル

練習問題 7-18 戦略テーブルを2次元リストtableに作りなさい。

```
msg = ['引き分け', 'あなたの勝ち', 'あなたの負け']
hand = ['グー', 'チョキ', 'パー']
table = [[0] * 3 for i in range(3)]
hist = [0, 0, 0]
M = 0
while True:
    if table[M][0] > table[M][1] and table[M][0] > table[M][2]:  # グー ⏎
予想
        ┌─────①─────┐
    elif table[M][1] > table[M][2]:    # チョキ予想
        ┌─────②─────┐
    else:                              # パー予想
        ┌─────③─────┐
    man  =int(input('あなたの手(0:グー,1:チョキ,2:パー)'))
    judge = (computer - man + 3) % 3
    hist[judge] += 1
    table[M][man] += 1
    M = man
    print(f'あなたの手{hand[man]:s}')
    print(f'コンピュータの手{hand[computer]:s}')
    print(msg[judge])
    print(f'{hist[1]:d}勝{hist[2]:d}敗{hist[0]:d}分')
```

実行結果

```
あなたの手(0:グー,1:チョキ,2:パー)0
あなたの手グー
コンピュータの手チョキ
あなたの勝ち
```

```
1勝0敗0分
あなたの手(0:グー,1:チョキ,2:パー)0
あなたの手グー
コンピュータの手パー
あなたの負け
1勝1敗0分
あなたの手(0:グー,1:チョキ,2:パー)1
あなたの手チョキ
コンピュータの手パー
あなたの勝ち
2勝1敗0分
あなたの手(0:グー,1:チョキ,2:パー)
```

注 このプログラムには終了条件がないので、停止ボタンで終了すること。

Chapter

8

プログラミング的
思考の実践④
～データサイエンス

　データサイエンスとは、インターネットに蓄積されるビッグデータをAIを使っ
て分析し活用する学問分野である。新しい学習指導要領では、小学校、中学校、高
校を通して「データの分析」や「データの活用」を行うデータサイエンス教育の必
要性が示されている。Society 5.0（ソサエティ 5.0）の時代にはデータをうまく活
用し分析できる人材が必要とされている。

　この章では、以下の代表的ライブラリを使ってデータの可視化を行う。データ可
視化とは、数値データだけでは確認しにくい現象や事象を、グラフ・図・表などの
目に見える形で表現することである。

・Matplotlib

　Matplotlib は、Python のグラフ描画のためのライブラリである。折れ線グラフ、
棒グラフや立体図形などをデータを与えるだけで描くことができる。

・NumPy

　NumPy（Numerical Python）は、Python で数値計算を効率的に行うためのライ
ブラリである。for ループなどを使わずに三角関数などの計算をすることができる。

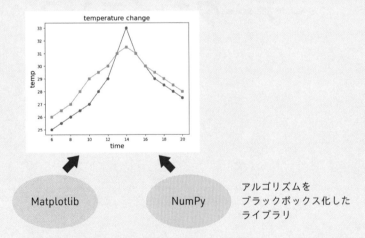

　注 Society 5.0（ソサエティ5.0）は内閣府のWebページには次のように記述されている。
　　『Society 5.0（ソサエティ5.0）はサイバー空間（仮想空間）とフィジカル空間（現実空
　　間）を高度に融合させたシステムにより、経済発展と社会的課題の解決を両立する、
　　人間中心の社会（Society）のことです。狩猟社会（Society 1.0）、農耕社会（Society 2.0）、
　　工業社会（Society 3.0）、情報社会（Society 4.0）に続く、新たな社会を指すものです。』

8-1 Matplotlibを使ったグラフの作成

■ グラフの作成と描画

Matplotlib は Python のグラフ描画のためのライブラリで、折れ線グラフや棒グラフ、立体図形などをデータを与えるだけで描くことができる。使用するには、

```
import matplotlib.pyplot as plt
```

でライブラリをインポートする。慣例でクラス名を「plt」とする。

Matplotlibを使ってグラフを表示する手順は以下である。

- x軸データのリストを作る。
- y軸データのリストを作る。
- plot メソッドを使いプロットする。
- title メソッドでタイトル、xlabel メソッド、ylabel メソッドでx軸、y軸のラベルを設定する。日本語は使えない。
- show メソッドを使い、プロットしたグラフを描画する（Python環境によってはshowを行わなくても描画する）。

グラフの描画色はblack、white、red、green、blue、orange、yellow、violet、cyan、magenta、grey、aquaなどが指定できる。

■ 折れ線グラフ

折れ線グラフは、横軸データx（リスト）、縦軸データy（リスト）に対し、plotメソッドで描く。

```
plt.plot(x, y, marker='o', color='blue')
```

markerは、以下が指定できる。

marker	o	s	+	x	^	d	*	.
表示形式	●	■	+	×	▲	◆	★	・

（表8.1） markerの表示形式

colorを指定しなければ、plotのたびにデフォルトで色を変えて表示する。

> **例題 8-1-1** 6時～20時までの気温を折れ線グラフで描く。時間をx軸とし
> て、リストxに格納する。各時間の温度をy軸としてリストyに格納する。

```
import matplotlib.pyplot as plt

x = [6, 7, 8, 9, 10, 11, 12, 13, 14, 15, 16, 17, 18, 19, 20]    # 時間
y = [25, 25.5, 26, 26.5, 27, 28, 29, 31, 33, 31, 30, 29, 28.5, 28, ↩
27.5]  # 温度

plt.plot(x, y, marker='o')  # oは●
plt.title('temperature change', fontsize=16)
plt.xlabel('time', fontsize=16)
plt.ylabel('temp', fontsize=16)
plt.show()
```

実行結果

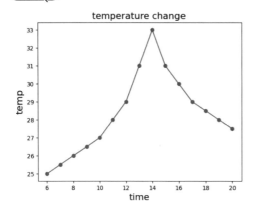

> **練習問題 8-1-1** 1日目の温度データをy1、2日目の温度データをy2として、
> 折れ線グラフをそれぞれ描きなさい。

```
import matplotlib.pyplot as plt

x = [6, 7, 8, 9, 10, 11, 12, 13, 14, 15, 16, 17, 18, 19, 20]    # 時間
```

```
y1 = [25, 25.5, 26, 26.5, 27, 28, 29, 31, 33, 31, 30, 29, 28.5, 28, ⏎
27.5]    # 1日目
y2 = [26, 26.5, 27, 28, 29, 29.5, 30, 31, 31.5, 31, 30, 29.5, 29, ⏎
28.5, 28]  # 2日目

plt.plot(   ①   , marker='o')   # oは●
plt.plot(   ②   , marker='s')   # sは■
plt.title('temperature change', fontsize=16)
plt.xlabel('time', fontsize=16)
plt.ylabel('temp', fontsize=16)
plt.show()
```

実行結果

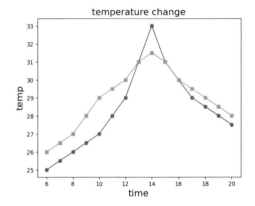

■ 棒グラフ

棒グラフは、横軸データx（リスト）、縦軸データy（リスト）に対し、barメソッドで描く。

```
plt.bar(x, y, width='0.8', color='blue')
```

widthは棒の表示間隔に対する棒の幅で、1だと全幅、0.5だと半幅、デフォルトは0.8。colorを指定しなければ、barのたびにデフォルトで色を変えて表示する。

8

プログラミング的思考の実践④〜データサイエンス

例 題 8-1-2 xに月、yに売上が格納されていたときこれを棒グラフで表示する。

```python
import matplotlib.pyplot as plt

x = [1, 2, 3, 4, 5, 6]
y = [10, 8, 11, 12, 15, 13]
plt.bar(x, y)
plt.title('sales change', fontsize=16)
plt.xlabel('month', fontsize=16)
plt.ylabel('sales', fontsize=16)

plt.show()
```

実行結果

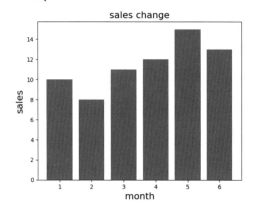

x軸のデータには文字列を使用することもできる。

```python
x = ['Jan', 'Feb', 'Mar', 'Apr', 'May', 'Jun']
```

■ 積み上げ棒グラフ

y1の上にy2を積み上げた棒グラフを作るには、「bottom=y1」と指定する。

```python
plt.bar(x, y1)
plt.bar(x, y2, bottom=y1)
```

練習問題 **8-1-2** xに月、y1に商品1の売上、y2に商品2の売上が格納されていたとき、これを積み上げ棒グラフで表示しなさい。

```python
import matplotlib.pyplot as plt

x = [1, 2, 3, 4, 5, 6]
y1 = [10, 8, 11, 12, 15, 13]
y2 = [4, 3, 3, 4, 5, 3]
plt.bar(x, y1, color='green')
plt.bar(x, y2, ①          , color='orange')
plt.title('sales change', fontsize=16)
plt.xlabel('month', fontsize=16)
plt.ylabel('sales', fontsize=16)

plt.show()
```

実行結果

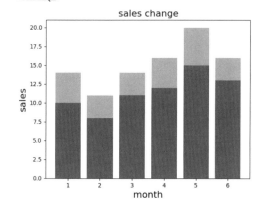

y1とy2を横に並べるにはalign='edge'を指定し、左の棒グラフにはwidthに負値を指定する。2つの棒で0.8幅なら、左の棒幅を-0.4、右の棒幅を0.4とする。

```python
plt.bar(x, y1, align='edge', width=-0.4)
plt.bar(x, y2, align='edge', width=0.4)
```

> **練習問題** **8-1-3** xに月、y1に商品1の売上、y2に商品2の売上が格納されて
> いたとき、各売上を横に表示した棒グラフで表示しなさい。

```
import matplotlib.pyplot as plt

x = [1, 2, 3, 4, 5, 6]
y1 = [10, 8, 11, 12, 15, 13]
y2 = [4, 3, 3, 4, 5, 3]
plt.bar(x, y1, color='green', align='edge',    ①    )
plt.bar(x, y2, color='orange', align='edge',    ②    )
plt.title('sales change', fontsize=16)
plt.xlabel('month', fontsize=16)
plt.ylabel('sales', fontsize=16)

plt.show()
```

実行結果

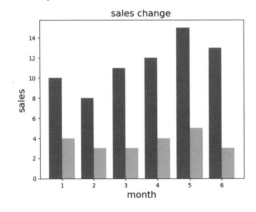

■ 円グラフ

　円グラフは、data（リスト）と各項目に付ける表題labelsに対し、pieメソッド
で描く。

```
plt.pie(data, labels=labels, autopct='%.1f%%', startangle=90, ↩
counterclock=False, colors=colors, explode=explode)
```

autopctで割合を％表示する。stratangleで開始位置（90:上、0:右）を指定し、counterclockで描く方向（True:反時計回り、False:時計回り）を指定する。colorsで各項目の色を指定する。色名でなく以下のような数値でモノクロの濃淡をつけることもできる。

```
colors = ['0.3', '0.4', '0.5', '0.6', '0.7']
```

explodeは各項目を中心から離して目立つように表示する。以下は第3項目を10%飛び出して表示する。

```
explode = [0, 0, 0.1, 0, 0]
```

> 例題 8-1-3 dataのデータを円グラフで表示する。labelsにデータのキャプションが格納されている。

```
import matplotlib.pyplot as plt

data = [54, 32, 18, 44, 29]
labels = ['A', 'B', 'C', 'D', 'E']

plt.pie(data, labels=labels,autopct='%.1f%%', startangle=90, ⏎
counterclock=False)
plt.show()
```

実行結果

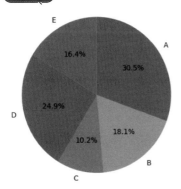

8
プログラミング的思考の実践④〜データサイエンス

練習問題 8-1-4 項目Cを抜き出して表示しなさい。

```
import matplotlib.pyplot as plt

data = [54, 32, 18, 44, 29]
labels = ['A', 'B', 'C', 'D', 'E']
explode = [0, 0, 0.1, 0,0]

plt.pie(data, labels=labels, autopct='%.1f%%', startangle=90,
        counterclock=False,          ①          )
plt.show()
```

実行結果

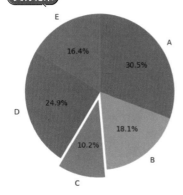

■ 複数の領域に表示

　複数の領域にグラフを表示するには、subplotsメソッドを使って以下のように設定を行う。m、nでサブエリアの個数（行数、列数）を指定する。figsizeでグラフ全体の横幅と高さをw×hで指定する。単位はインチ。

```
fig, axs = plt.subplots(m, n, figsize=(w, h))
```

これで以下の2つのオブジェクトが生成される。

- fig…グラフ全体を管理するFigureオブジェクト。
- axs…ひとつのプロットエリアを管理するAxesオブジェクト。axs[0][0]、axs[0][1] のように各サブエリアを参照する。axs[0,0]のような表現も可能。

1行の場合はaxs[0]、axs[1]のように参照する。

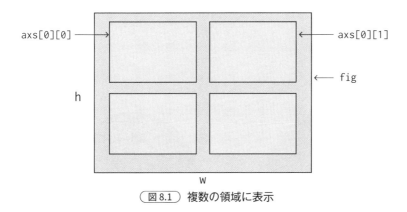

（図8.1）複数の領域に表示

サブエリアへのグラフの描画は以下のようにplot、bar、pieで行えるが、

```
axs[0][0].pie
```

タイトルやラベルの設定にはtitle、xlabel、ylabelではなく、以下のようにset_title、set_xlabel、set_ylabelで行う。

```
axs[0][0].set_title
```

例 題 **8-1-4** サブエリアを2つ作りそれぞれに円グラフを描く。

```
import matplotlib.pyplot as plt

fig, axs = plt.subplots(1, 2, figsize=(10, 5))

data1 = [54, 32, 18, 44, 29]
data2 = [50, 30, 30, 40, 20]
labels = ['A', 'B', 'C', 'D', 'E']
explode = [0, 0, 0.1, 0,0]

axs[0].pie(data1, labels=labels, autopct='%.1f%%', startangle=90,
        counterclock=False)
axs[0].set_title('Before', fontsize=16)
```

8

プログラミング的思考の実践④～データサイエンス

```
axs[1].pie(data2, labels=labels, autopct='%.1f%%', startangle=90,
        counterclock=False, explode=explode)
axs[1].set_title('After', fontsize=16)
plt.show()
```

実行結果

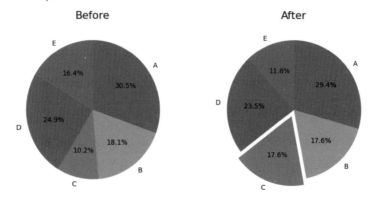

8-2 数値計算を効率的に行うNumPy

NumPy（Numerical Python）は、Pythonで数値計算を効率的に行うためのライブラリである。使用するためには、

```
import numpy as np
```

でライブラリをインポートする。慣例でクラス名を「np」とする。

■ 関数グラフの描画

NumPyを使って関数の値を計算し、グラフで表示する手順は以下である。

- arangeメソッドを使って、計算する範囲の各点のリストをxに作成する。範囲には実数を指定できるが、終わりの範囲は指定した「終わりの値」未満となる。たとえば「360」までの範囲を指定する場合は「361」とする。これで、-360から始まり-350、-340、…、350、360と10きざみに変化する。

```
         初期値  最終値（この値未満）
            │      │
x = np.arange(-360, 361, 10)
                        │
                      きざみ値
```

- NumPyクラスの関数に上のxを引数にして計算すると、リストxの各点の値がリストyで作成される

```
y = np.sin(np.radians(x))
```

- リストx、yで示される点をプロットする

```
plt.plot(x, y)
```

例 題 **8-2-1** サインカーブを描く。

```
import numpy as np
import matplotlib.pyplot as plt

x = np.arange(-360, 361, 10)
y = np.sin(np.radians(x))

plt.plot(x, y)
plt.show()
```

実行結果

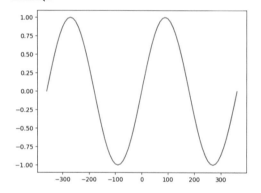

練習問題 **8-2-1** 次の式で表すリサジュー曲線を描きなさい。

$x=\sin(2*\theta)$

$y=\sin(3*\theta)$

```
import numpy as np
import matplotlib.pyplot as plt

a = np.arange(0, np.pi * 2, 0.01)
x = [    ①    ]
y = [    ②    ]

plt.plot(x, y)
plt.show()
```

実行結果

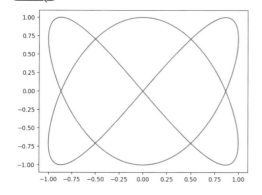

sinの中の「2」と「3」の値を変えれば異なる図形が描ける。以下は「5」と「9」の例。

実行結果

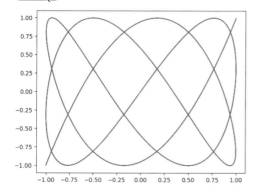

参考 ｜ リサジュー曲線

リサジュー曲線は、波AをオシロスコープのX軸に、波BをY軸に入れたときに出来る図形でもある。オシロスコープは電気信号（電圧変動）の時間的変化を観測するための装置である。画面には、時間の経過に伴う電圧の変化が表示される。

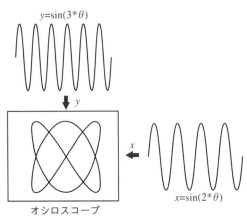

$y=\sin(3*\theta)$

y

x

$x=\sin(2*\theta)$

オシロスコープ

（図8.2）リサジュー曲線

■ 極方程式グラフの描画

極座標は、原点からの距離 r と角度 θ で平面上の点の位置を表したものである。極方程式は、この極座標 (r, θ) に関する方程式である。極座標を直交XY座標に変換するには、以下の式で行う。

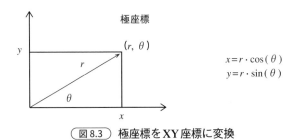

極座標

(r, θ)

y

r

θ

x

$x=r \cdot \cos(\theta)$
$y=r \cdot \sin(\theta)$

（図8.3）極座標をXY座標に変換

極方程式の例としてばら曲線、螺旋（らせん）などがある。

例題　**8-2-2**　ばら曲線は以下の極方程式で表せる。ばら曲線を描く。

$r=m \cdot \sin(n \cdot \theta)$

```
import numpy as np
import matplotlib.pyplot as plt
```

```
a = np.arange(0, np.pi * 6, 0.05)
r = 4 * np.sin(4 * a / 3)
x = r * np.cos(a)
y = r * np.sin(a)

plt.plot(x, y)
plt.show()
```

実行結果

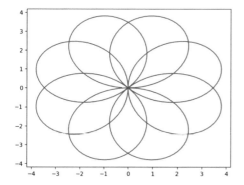

練習問題 **8-2-2** 螺旋は以下の極方程式で表せる。$m=2$、$n=0.1$の螺旋を描き
なさい。

$$r = m \cdot e^{n \cdot \theta}$$

```
import numpy as np
import matplotlib.pyplot as plt

a = np.arange(0, np.pi * 16, 0.05)
r = ┌──────①──────┐
x = r * np.cos(a)
y = r * np.sin(a)

plt.plot(x, y)
plt.show()
```

実行結果

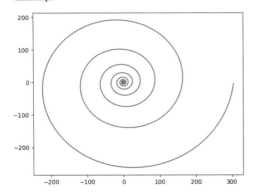

8-3 Matplotlibを使った 3D表示

Matplotlibで3D表示を行う描画手順は以下である。

①描画エリアfigureの作成

```
fig = plt.figure(figsize=(8, 8))
```

②3Dのsubplotを追加

```
ax = fig.add_subplot(projection='3d')
```

③データの作成

```
x,y,z = それぞれの値
```

④グラフの作成

```
ax.plot(x, y, z)
```

⑤グラフの描画

```
plt.show()
```

注 環境によってはplt.show()を行わなくても表示が行われる。

注 Matplotlibバージョン3.2.0以前は、「from mpl_toolkits.mplot3d import Axes3D」も記述しなければならなかったが、現在のバージョンでは不要である。

3次元座標は右手系座標と左手系座標があり、その中でy軸を上方向にするかz軸を上方向にするかで分かれる。Matplotlibの3次元座標は、z軸が上方向になる右手系座標である。このため、y軸の正の向きは奥方向になる。

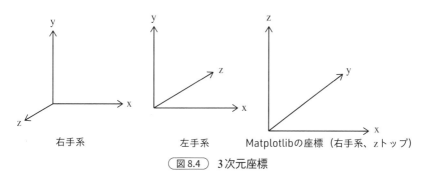

（図8.4） 3次元座標

例 題 **8-3** scatter(x, y, z)で、x、y、zで与えられたデータ（立方体の各頂点）の3次元座標上の点をプロットする。scatterの「sパラメータ」にプロットする点のサイズを指定できる。「s=100」と指定したときの100の単位は相対的なものである。

```python
import numpy as np
import matplotlib.pyplot as plt

fig = plt.figure(figsize=(8, 8))
ax = fig.add_subplot(projection='3d')

x = [0, 1, 1, 0, 0, 1, 1, 0]
y = [0, 0, 1, 1, 0, 0, 1, 1]
z = [0, 0, 0, 0, 1, 1, 1, 1]

ax.set_xlabel('x', size=16)
ax.set_ylabel('y', size=16)
ax.set_zlabel('z', size=16)

ax.scatter(x, y, z, s=100)
plt.show()
```

実行結果

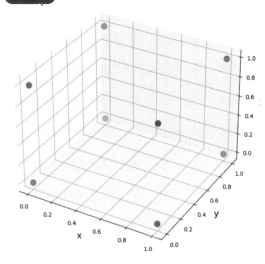

> 練習問題 8-3 例題8-3のプログラムを参考に、四角錐の各点をプロットし
> なさい。

```python
import numpy as np
import matplotlib.pyplot as plt

fig = plt.figure(figsize=(8, 8))
ax = fig.add_subplot(projection='3d')

x = [0, 1, 1, 0, 0.5]
y = [        ①        ]
z = [0, 0, 0, 0, 1]

ax.set_xlabel('x', size=16)
ax.set_ylabel('y', size=16)
ax.set_zlabel('z', size=16)

ax.scatter(x, y, z, s=100)
plt.show()
```

8 プログラミング的思考の実践④〜データサイエンス

実行結果

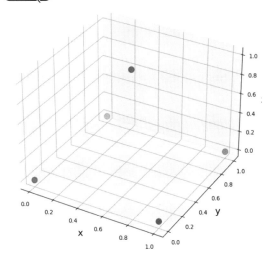

8-4 3D棒グラフの表示

3D棒グラフ

3D棒グラフを描くにはbar3dメソッドを使う。書式は以下である。

```
bar3d(x座標, y座標, 棒グラフの底の値, 棒グラフの幅, 棒グラフの奥行き, z
座標)
```

x、y座標からmeshgridを使って格子点(mx, my)を作る。bar3dに渡すx、y、z座標データはravelを使って1次元リストに変換したものを使う。

meshgridメソッドとravelメソッド

np.meshgridは、2組の1次元リストを受け取って格子点を生成する。

```
x = np.array([0, 1, 2])
y = np.array([0, 1, 2])
mx, my = np.meshgrid(x, y)
```

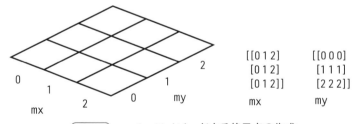

（図 8.5） meshgridメソッドよる格子点の生成

np.ravelは、多次元のリストを1次元のリストにして返す。

```
rx = np.ravel(mx)
ry = np.ravel(my)
```

$$\begin{array}{ll}
[[0\ 1\ 2] & [[0\ 0\ 0] \\
\ [0\ 1\ 2] & \ [1\ 1\ 1] \\
\ [0\ 1\ 2]] & \ [2\ 2\ 2]]
\end{array}$$

mx　　　　　my

rx [0 1 2 0 1 2 0 1 2]

ry [0 0 0 1 1 1 2 2 2]

（図8.6） ravelメソッドよる多次元リストの1次元化

例 題 8-4 x軸に3項目、y軸に2項目の3D棒グラフを表示する。棒の高さはzに格納されている。

```python
import matplotlib.pyplot as plt
import numpy as np

fig = plt.figure()
ax = fig.add_subplot(projection='3d')

x = np.array([0, 1, 2])    # np.arange(3)でも良い
y = np.array([0, 1])
z = np.array([[2, 3, 4],   # 棒の高さ
              [3, 5, 2]])

mx, my = np.meshgrid(x, y)
rx = mx.ravel()
ry = my.ravel()
rz = z.ravel()

ax.bar3d(rx, ry, 0, 0.5, 0.5, rz)
plt.show()
```

実行結果

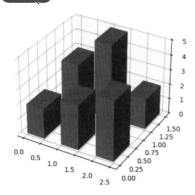

8
プログラミング的思考の実践④～データサイエンス

練習問題　8-4　x軸に3項目、y軸に3項目の3D棒グラフを表示しなさい。

```
import matplotlib.pyplot as plt
import numpy as np

fig = plt.figure()
ax = fig.add_subplot(projection='3d')

x = np.array([0, 1, 2])    # np.arange(3)でも良い
y = np.array([    ①    ])
z = np.array([[2, 3, 4],    # 棒の高さ
              [3, 5, 2],
              [4, 3, 5]])

mx, my = np.meshgrid(x, y)
rx = mx.ravel()
ry = my.ravel()
rz = z.ravel()

ax.bar3d(rx, ry, 0, 0.5, 0.5, rz)
plt.show()
```

実行結果

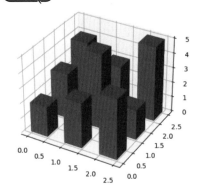

8-5 3次元座標を元にした 立体の表示

■ 立方体を描く

Matplotlibを使って立体の辺を描くには、一筆書きできる直線群に分ける。立方体の場合は①～④の直線群に分け、データを2次元リストに格納する。①群は(0,0,0)から11の点を矢印の順にたどる。②、③、④群はそれぞれ縦線である。

$$x = [[0, 1, 1, 0, 0, 0, 1, 1, 0, 0], [1, 1], [1, 1], [0, 0]]$$
$$y = [[0, 0, 1, 1, 0, 0, 0, 1, 1, 0], [0, 0], [1, 1], [1, 1]]$$
$$z = [[0, 0, 0, 0, 0, 1, 1, 1, 1, 1], [1, 0], [1, 0], [1, 0]]$$

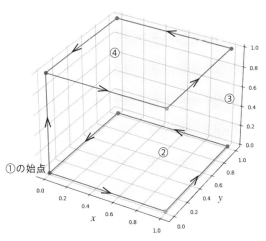

図8.7 立方体の辺を直線群に分ける

例題 8-5 立方体を描く。

```
import matplotlib.pyplot as plt

fig = plt.figure(figsize=(8, 8))
ax = fig.add_subplot(projection='3d')

x = [[0, 1, 1, 0, 0, 0, 1, 1, 0, 0], [1, 1], [1, 1], [0, 0]]
```

```
y = [[0, 0, 1, 1, 0, 0, 0, 1, 1, 0], [0, 0], [1, 1], [1, 1]]
z = [[0, 0, 0, 0, 0, 1, 1, 1, 1, 1], [1, 0], [1, 0], [1, 0]]

ax.set_xlabel('x', size=16)
ax.set_ylabel('y', size=16)
ax.set_zlabel('z', size=16)

for i in range(len(x)):
    ax.plot(x[i], y[i], z[i], marker='o')

plt.show()
```

実行結果

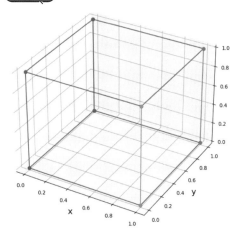

■ 家を描く

練習問題 **8-5** 例題7-14で示した家のデータの順序を組み替えて使いなさい。つまり、データのzをy、yをzとして使う。

```
import matplotlib.pyplot as plt

fig = plt.figure(figsize=(8, 8))
ax = fig.add_subplot(projection='3d')

x = [[80, 0, 0, 80, 80, 80, 80, 80], [0, 0, 0, 0], [0, 80],
     [0, 80], [0, 40, 80], [0, 40, 80], [40, 40],
     [50, 50, 65, 65, 65, 65, 50, 50],
```

```
        [65, 65], [50, 50, 65], [50, 50]]
y = [[100, 100, 100, 100, 0, 0, 100, 100], [100, 0, 0, 100],
     [0, 0], [0, 0], [100, 100, 100], [0, 0, 0], [100, 0],
     [100, 100, 100, 100, 80, 80, 80, 100],
     [100, 80], [80, 80, 80], [100, 80]]
z = [[50, 50, 0, 0, 0, 50, 50, 0], [50, 50, 0, 0], [50, 50],
     [0, 0], [50, 80, 50], [50, 80, 50], [80, 80],
     [72, 90, 90, 61, 61, 90, 90, 90],
     [_____①_____]]
```

```
ax.set_xlabel('x', size=16)
ax.set_ylabel('y', size=16)
ax.set_zlabel('z', size=16)

for i in range(len(x)):
    ax.plot(x[i], y[i], z[i], marker='o')

plt.show()
```

なお、すべての線を同じ色で描画するには、以下のようにcolorを指定する。

```
ax.plot(x[i], y[i], z[i], marker='o', color='blue')
```

実行結果

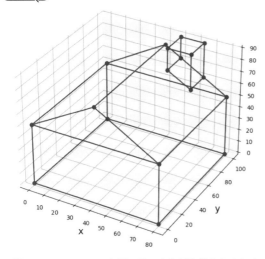

注 Matplotlibではy座標の正の向きが奥側となるため、**例題7-14**とは煙突の位置が逆に奥側となる。

313

8-6 | 3次元関数の表示

■ Matplotlibで3次元関数を描く

立方体や家のデータを描くには、個々の点の座標を多く指定する必要があるが、3次元関数は各点の座標を計算式で求めることができる。

例題 **8-6** xを$-6\pi \sim 6\pi$の間で、以下のy、zを表示すると螺旋が描ける。

$y=\cos(x)$

$z=\sin(x)$

```python
import numpy as np
import matplotlib.pyplot as plt

fig = plt.figure(figsize=(8, 8))
ax = fig.add_subplot(projection='3d')

x = np.arange(-6 * np.pi, 6 * np.pi, 0.1)
y = np.cos(x)     # らせんの方程式
z = np.sin(x)

ax.plot(x, y, z, color = 'blue')
```

実行結果

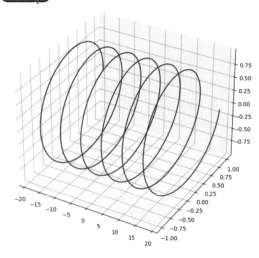

> **練習問題 8-6** 練習問題7-16-1で示した以下の3次元関数のyとzを入れ替えた3次元関数をMatplotlibで表示しなさい。
>
> $$z = 30\left(\cos\left(\sqrt{x^2+y^2}\right) + \cos\left(3\sqrt{x^2+y^2}\right)\right)$$

linspaceメソッドは、指定区間を指定した個数で区切ったときの数列を作る。np.linspace(-2, 2, 5)は「-2、-1、0、1、2」の5つである。

さて**例題8-6**の螺旋は、xに範囲リストを指定し、yとzはxを使って計算することで各点の値を求めることができた。しかし、**練習問題8-6**ではxとyの2つに範囲リストを与えてzを計算しなければいけないので、工夫が必要となる。xの範囲リストは以下で作る。-200〜200の範囲を「41」個で区切ると「10」きざみとなるが「40」で区切ると「10.256…」きざみとなってしまう。

```
x = np.linspace(-200, 200, 41)
```

ところで、yの値を

```
for y in range(-200, 200, 10):
```

としたのでは、yは範囲リストでないので、うまく動かない。以下のようにして、同じ値の41個の範囲リストを作る必要がある。

```
  for i in range(-200, 200, 10):
      y = np.linspace(i, i, 41)      # iの値を41個作る
```

以下にプログラムを示す。

```
import numpy as np
import matplotlib.pyplot as plt

fig = plt.figure(figsize=(8, 8))
ax = fig.add_subplot(projection='3d')

for i in range(-200, 201, 10):
    x = np.linspace(      ①      )  # 10きざみ
    y = np.linspace(   ②   )  # iの値を41個作る
```

8

```
z = (np.cos(np.radians(np.sqrt(x*x + y*y)))
    +np.cos(np.radians(3 * np.sqrt(x*x + y*y))))
ax.plot(x, y, z, color='blue')
```

実行結果

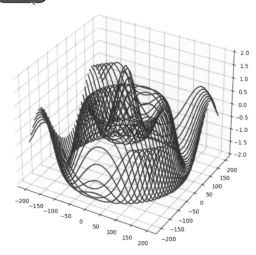

8-7 | 回転体モデルの表示

例題7-15の回転体モデルをMatplotlibで表示する。y座標とz座標を入れ替える必要がある。つまり、zに高さデータを与える。

例 題 8-7 例題7-15のワイングラスを表示する。z軸回りの回転軌跡を求めるには以下のようにする。

・n に 0～360 の範囲を 37 個の点（10 きざみ）リストにする
・X、Y は n を使って計算する
・Z は同じ値を 37 個作る

```
import numpy as np
import matplotlib.pyplot as plt
import math
fig = plt.figure(figsize=(8, 8))
ax = fig.add_subplot(projection='3d')

z = [180, 140, 100, 60, 20, 10, 4, 0]    # 高さ
r = [100, 55, 10, 10, 10, 50, 80, 80]    # 半径
x = [0 for i in range(len(z))]  # 稜線描画用
y = [0 for i in range(len(z))]

for k in range(len(z)):       # z軸回りの回転軌跡
    n = np.linspace(0, 360, 37)
    X = r[k] * np.cos(np.radians(n))
    Y = r[k] * np.sin(np.radians(n))
    Z = np.linspace(z[k], z[k], 37)
    ax.plot(X, Y, Z, color='blue')

for n in range(6):            # 稜線
    for k in range(len(r)):
        x[k] = r[k] * math.cos(math.radians(n*60))
        y[k] = r[k] * math.sin(math.radians(n*60))
    ax.plot(x, y, z, color='blue')

plt.show()
```

実行結果

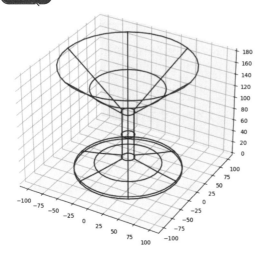

練習問題 8-7 例題8-7のプログラムを参考に、以下のデータの回転体モデルを描画しなさい。

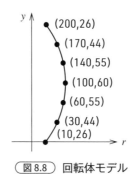

図8.8 回転体モデル

```
import numpy as np
import matplotlib.pyplot as plt

(中略)

z = [          ①          ]  # 高さ
r = [          ②          ]  # 半径
```

（以下略）

実行結果

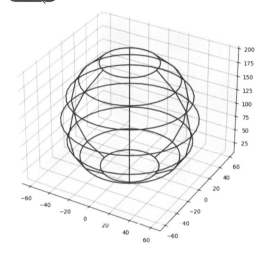

8-8 ワイヤーフレームの表示

ワイヤーフレームは、立体を線だけで表すものである。plot_wireframe メソッドを使って表示するには以下のようにする。リスト x、y、z は np.array メソッドで作成する。

```
ax.plot_wireframe(x, y, z, color='blue')
```

> **例題 8-8** 立方体を描く。x、y、z には、前面の①②③④①（一筆書きの順）の座標データを0行の要素に、奥面の⑤⑥⑦⑧⑤（一筆書きの順）の座標データを1行の要素に格納する。なお、奥面のデータは前面のデータの y を1に変えたものである。

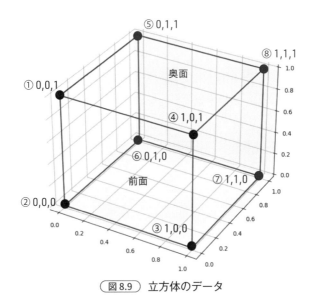

(図8.9) 立方体のデータ

```
import numpy as np
import matplotlib.pyplot as plt

fig = plt.figure(figsize=(8,8))
```

```
ax = fig.add_subplot(projection='3d')

x = np.array([[0,0,1,1,0],[0,0,1,1,0]])
y = np.array([[0,0,0,0,0],[1,1,1,1,1]])
z = np.array([[1,0,0,1,1],[1,0,0,1,1]])

ax.plot_wireframe(x, y, z, color='blue')
plt.show()
```

練習問題 8-8-1 例題8-8のプログラムの前面と奥面の間に中面（y=0.5の位置）を入れなさい。

```
import numpy as np
import matplotlib.pyplot as plt

fig = plt.figure(figsize=(8,8))
ax = fig.add_subplot(projection='3d')

x = np.array([[0, 0, 1, 1, 0], [0.2, 0.2, 0.8, 0.8, 0.2], [0, 0, 1, 1, 0]])
y = np.array([[0, 0, 0, 0, 0], [0.5, 0.5, 0.5, 0.5, 0.5], [1, 1, 1, 1, 1]])
z = np.array([[1, 0, 0, 1, 1], [          ①          ], [1, 0, 0, 1, 1]])

ax.plot_wireframe(x, y, z, color='blue')
plt.show()
```

実行結果

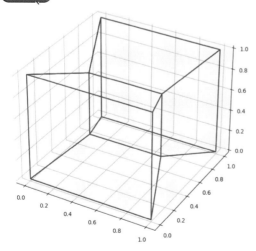

練習問題 8-8-2 練習問題8-5の家のデータをワイヤーフレームで表示しなさい。家本体の前面の各点の座標を以下の一筆書きの順にリストx1、y1、z1の第1要素に入れる。

①→②→③→④→⑤→①→④

奥面のデータを同様に第2要素に入れる。奥面のデータは前面のデータのyを100に変えたものである。煙突のデータは別リストx2、y2、z2で作成する。

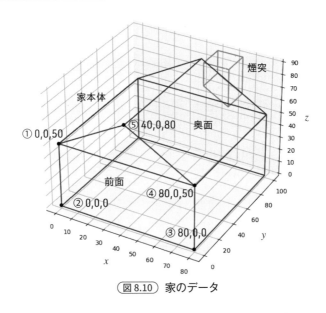

図8.10 家のデータ

```
import numpy as np
import matplotlib.pyplot as plt

fig = plt.figure(figsize=(8, 8))
ax = fig.add_subplot(projection='3d')

# 家本体
x1 = np.array([[         ①         ], [0, 0, 80, 80, 40, 0, 80]])
y1 = np.array([[         ②         ], [100, 100, 100, 100, 100, 100, 100]])
z1 = np.array([[         ③         ], [50, 0, 0, 50, 80, 50, 50]])

# 煙突
x2 = np.array([[50, 50, 65, 65, 50], [50, 50, 65, 65, 50]])
```

```
y2 = np.array([[80, 80, 80, 80, 80], [100, 100, 100, 100, 100]])
z2 = np.array([[90, 72, 61, 90, 90], [90, 72, 61, 90, 90]])

ax.plot_wireframe(x1, y1, z1, color='blue')
ax.plot_wireframe(x2, y2, z2, color='red')
plt.show()
```

練習問題 8-8-3 以下の3次元関数をワイヤーフレームで表示しなさい。各点の座標データを与えるのではなく、計算で座標点を求めるのでかんたんに複雑な図形が描ける。

$$z = 30\left(\cos\left(\sqrt{x^2+y^2}\right) + \cos\left(3\sqrt{x^2+y^2}\right)\right)$$

以下のようにmeshgridメソッドでx、y格子点データを作り、このx、yを使って3次元関数のzを計算し、plot_wireframeでワイヤーフレームでのグラフを作成する。np.meshgridは2組の1次元リストを受け取って格子点を生成する。

```
x, y = np.meshgrid(np.arange(-200, 201, 10), np.arange(-200, 201, 10))
```

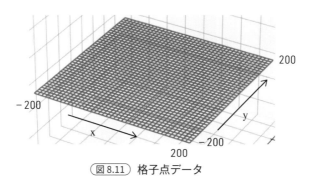

（図8.11）格子点データ

```
import numpy as np
import matplotlib.pyplot as plt

fig = plt.figure(figsize=(8, 8))
ax = fig.add_subplot(projection='3d')

x, y = np.meshgrid(np.arange(-200, 201, 10), np.arange(-200, 201, 10))
z = (np.cos(np.radians(np.sqrt(x*x + y*y)))
     +np.cos(np.radians(3 * np.sqrt(x*x + y*y))))
```

```
ax.plot_wireframe(    ①    )
plt.show()
```

実行結果

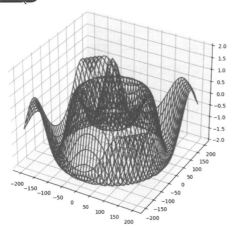

参考 ｜ 面モードのグラフ

`plot_surface`を使えば面モードのグラフができる。

```
ax.plot_surface(x, y, z, cmap='summer')
```

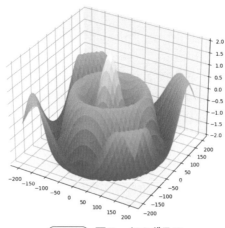

図8.12　面モードのグラフ

付録

Python文法

Python文法の一番元になるものは、「Python 言語リファレンス」に記述されている（https://docs.python.org/ja/3/reference/）。このリファレンスは、Python言語の文法と、「コアとなるセマンティクス」について設計者の立場で詳細に記述されている。本書の「付録　Python文法」は、このリファレンスを元にしながら、Pythonの使用者（初心者）が利用するという目線で平易に記述している。

[1] バージョン

　使用している Python のバージョンを調べておくことは重要である。バージョンによって使える機能と使えない機能がある。バージョンとプラットフォームは、以下のプログラムで調べることができる。

```
import sys
print(sys.version)
print(sys.platform)
```

実行結果

```
3.10.12 (main, Nov 20 2023, 15:14:05) [GCC 11.4.0]
linux
```

[2] 予約語と識別子

■ 2.1 予約語（キーワード）

　予約語はコンピュータ言語の根幹をなすもので、絶対不可侵である。Python の予約語は、以下のプログラムで調べることができる。

```
import keyword
for key in keyword.kwlist:
    print(key)
```

実行結果

False	await	else	import	pass
None	break	except	in	raise
True	class	finally	is	return
and	continue	for	lambda	try
as	def	from	nonlocal	while
assert	del	global	not	with
async	elif	if	or	yield

2.1.1 ソフトキーワード

　通常のキーワードは語句解析で使用される。語句解析の時点では識別子として働き、構文解析のときにキーワードとして働くものをソフトキーワードと呼ぶ。「match」、「case」、「_」が該当する。ソフトキーワードは、上の予約語（キーワード）を調べた実行結果には含まれない。

■ 2.2 識別子

変数、リスト、辞書、集合、関数、クラスなどに付ける名前を識別子という。識別子には英字（大小）と数字と「_」が使用できる。ただし、次のような名前付け規則がある。

- 先頭は数字ではいけない。
- 英字の大小は区別される。
- ifやforなどの予約語は使用できない。しかしそれらを含むものは良い。たとえば、forceなどは使える。

命名規則ほど厳格でないが、Pythonで識別子を付けるときの慣例として以下がある。

- 変数名、リスト名、関数名は小文字ベースで付ける。必要に応じて「_」を使う。たとえば max_value。
- 定数はすべて大文字ベースで付ける。たとえば、N、PI、MAX_SIZE。
- クラス名はキャメルケース。たとえばPersonやCreditCard。
- リスト名は複数形を使うという慣習があるが、本章では単数形とした。
- 'l'（小文字のエル）、'O'（大文字のオー）、'I'（大文字のアイ）を単独の識別子にしない。これらは数字の0や1と見間違いやすい。
- 組み込み関数の名前を変数として使用してもエラーにはならないが、名前の衝突を起こすので、使わないようにする。一般の言語では sum、max、min、list などの変数名をよく使う。Python ではこれらは組み込み関数としてあるので、変数として使う場合は、たとえば sum なら sums、sum_value とするか、同様な意味の別の単語の total などにする。Python は識別子にスネークケースを使う例が多いので sum_value が妥当かもしれないが、初心者が長い変数名を使うとタイピング量が増え煩雑になるので、本書の短いプログラムでは「sum」は単に「s」とした。

2.2.1 スネークケースとキャメルケース

識別子の命名規則には各言語で慣習がある。Pythonでは単語をアンダーバー（_）でつなぐスネークケース（SnakeCase）が使われる。単語の先頭を大文字にするキャメルケース（CamelCase）を使う言語もある。ところどころに大文字が出ることからラクダ（camel）の「こぶ」に例えた表現。

- スネークケース
  単語をアンダーバーで繋ぐ方式。break_flag など。Python、Ruby などが採用。
- アッパーキャメルケース
  各単語を大文字で始める方式。BreakFlag など。Pascal、C# などが採用。
- ローワーキャメルケース
  最初の単語だけ小文字で始める方式。breakFlag など。Java、JavaScript などが採用。

2.2.2 厄介な問題

以下のような場合、変数sumではエラーにならず、関数sumでエラーとなる。

```
sum = 0
print(sum([1, 2, 3]))    ◀── TypeError: 'int' object is not callable
```

これは、「sum = 0」により識別子sumがintオブジェクトとして定義されてしまうため、sumを

関数として呼び出せないというもの。

Colabのノートブックはいろいろな記録が残るので、同じノートブックで一度「sum = 0」でsumを定義すると、これを削除して、プログラム上に変数sumがなくてもsum関数の呼び出しで上記エラーが発生する。これはエラー原因の分かりにくいエラーである。この場合は新しいノートブックを使用する。

2.2.3 UTF-8

Pythonのソースコードは UTF-8 でエンコードされているものとして扱われる。ただし、ライブラリにする場合は ASCII 文字のみを使用しなければならない。コメントも日本語は使用できない。

2.2.4 日本語の識別子

以下のように日本語を識別子にすることもできるが、通常は使わない。

```
合計 = 100
print(合計)
```

■ 2.3　名前への束縛（name binding）

名前への束縛が行われるのは以下の場合である。束縛とは、その名前でデータを参照できるように名前とデータを紐づけるという意味。かんたんに言えば名前の定義であるが、import 文でインポートされる名前空間を含めると「束縛」という表現になる。

- 代入文における左辺の変数
- for 文や with 文で使う変数
- 関数定義における関数名
- 関数の引数
- クラス定義におけるクラス名
- import 文でインポートされる名前空間

■ 2.4　定数（リテラル）

プログラムの実行中に値が変化しない数を定数またはリテラル（literal）とよぶ。リテラルは「文字の」、「文字通りの」という意味であるが、コンピュータ用語としては即値データという意味で使われる。リテラルという言葉は文字列定数のことを文字列リテラルとよぶ場合が多い。'sum' という文字列リテラルは「sum」という文字通りの文字列データして扱われ、sum という識別子として使われるのではないというニュアンスで使われる。

Pythonの定数を分類すると以下の5種類がある。整数定数は 0b、0o、0x を接頭して2進整数、8進整数、16進整数を表すことができる。実数定数には「e」を用いた指数表記ができる。大きな値の実数値は「1.0e+308」のように表す。これは「1.0×10^{308}」を意味する。虚数定数の虚部には「j」を接尾する。文字列定数には「r」、「f」が接頭できる。

- 整数型定数　　　10、0b1010、0o56、0x2ef
- 実数型定数　　　3.14、1.5e+10
- 文字列定数　　　'a'、'abc'、r'abc'、f'abc'
- 虚数定数　　　　1 + 2j
- 予約定数　　　　False、True、None

　C系言語では「const double pi=3.14159;」のような、値を変更できないconst定数を宣言できたが、Pythonではサポートしない。ユーザが定数的に使用する変数はユーザの責任で値を変更しないようにしなければならない。慣習的に大文字とアンダーバー(_)のみの変数で定数的変数を区別する。

```
PI = 3.14159
```

2.4.1　接頭語 (prefix: プリフィックス) と接尾語 (suffix: サフィックス)

　接頭語は語の先頭に付けてその語の付加情報を与える語。整数定数の前に付ける「0b」、「0o」、「0x」や文字列定数に付ける「r」、「f」、「u」など。

　接尾語は語の後部に付けてその語の付加情報を与える語。実数定数の「e」や複素数の虚部を示す「j」など。

■■ 2.5　システム予約識別子

　アンダーバー2個を先頭と末尾につけた「__XXX__」形式の識別子はシステム予約である。代表的なものに以下がある。

- コンストラクタメソッド　　__init__
- モジュール名　　　　　　　__name__

■■ 2.6　デリミタ (区切り子)

　( ) [ ] { } . は機能的には演算子であるが、字句解析上はデリミタとして扱われる。, : ; ' "# \ なども字句解析上はデリミタとみなされる。

---

[3]　演算子と式

■■ 3.1　演算子の種類と優先順位

　以下は、演算子の機能と優先順位である。

演算子	機能	優先順位
( )、[ ]、{ }	結合式とかっこ式、リスト、集合・辞書	高
( )、[ ]、:、.	呼び出し、添字、スライス、属性参照	↑
await	Await式	
**	べき乗	
+、-、~	正符号、負符号、ビット単位NOT	
*、/、//、%、@	乗算、実数除算、整数除算、剰余、行列乗算	
+、-	加算、減算	
<<、>>	シフト演算	

付録
Python文法

&	ビット単位 AND	
^	ビット単位 XOR	
|	ビット単位 OR	
in、not in、is、is not、 <、<=、>、>=、==、!=	所属や同一性比較 大小比較	
not	論理 NOT	
and	論理 AND	
or	論理 OR	
if else	条件演算（三項演算）	
lambda	ラムダ式	
=、+=、-=など、:=	代入、複合代入、代入式	低

注　「+」は文字列やリストの連結演算子としても使われる。「|」「&」「-」は集合演算子としても使われる。
Pythonの組み込み型は行列乗算の「@」を実装していない。NumPyのarray型が実装。

3.1.1　整数除算と実数除算

　Python 2までは、除算演算子は「/」だけで、両辺が整数型のときだけ整数除算となり、小数部は切り捨てられた。Python 3では「/」はオペランドの型に関係なく実数除算を行う。整数除算したい場合は「//」演算子を用いる。

- Python 2
  3 / 2 ⇒ 1
  3.0 / 2 ⇒ 1.5

- Python 3
  3 / 2 ⇒ 1.5
  3.0 / 2 ⇒ 1.5
  3 // 2 ⇒ 1

3.1.2　剰余

剰余は実数型にも適用できる。

3.14 % 0.7 ⇒ 0.34

3.14 % 0.7 は 4*0.7 + 0.34 と計算される。

■ 3.2　式の種類

　演算対象になる変数や定数をオペランドという。オペランドを演算子で結んだものを式という。式は演算を行った結果の値を持つ。式には右のような種類がある。
　一般的な式は、「a + b - c」のような算術演算式や「a == b and b == c」のような条件式である。

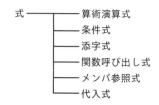

式 ── 算術演算式
　　├ 条件式
　　├ 添字式
　　├ 関数呼び出し式
　　├ メンバ参照式
　　└ 代入式

3.2.1　()[]{}:.も演算子

- 式結合
  ```
  a = ((a + b) * c)
  ```
- リスト、集合、辞書の初期化式
  ```
  a = [1, 2, 3]
  b = { 'appple' : '林檎 }
  ```

- 呼び出し式
  ```
  a = func(x, y)
  ```
- 添字式
  ```
  a[0] = 0
  ```
- スライス式
  ```
  b = a[1:3]
  ```

- 属性参照
  ```
  math.pi
  ```

3.2.2　丸括弧形式

　()は演算子の優先順位を変える目的で主に使うが、式全体を()で囲んだものを丸括弧形式と呼ぶ。丸括弧形式を使うと、長い式を「\」により行継続することなく、複数行に分けて記述することができる。

```
if (10 <= age and age < 20
    or age == 25):
```

■■ 3.3　式の評価順序と結合規則

　演算子の優先順位は、式の中でどの演算子から先に演算（評価）していくかの順位を示すものである。結合規則は、同じ優先順位で結ばれた式をどちらから演算（評価）していくかを示すものである。一般に結合規則は左から右（左結合）である。

　以下の式は①～④の順序で評価される。最も優先順位が高い「*」が評価され、次の優先順位の「+」と「-」は同じなので左から評価され、最後に一番優先順位の低い「=」が評価される。

```
a = 10 + 20 - 5 * 6
  ④    ②    ③   ①
```

■■ 3.4　代入文と代入式

　Pythonでは、「=」演算子を用いた代入は代入文となる。この場合、代入の結果を式として評価できない。「=」の代わりに「:=」を用いることで代入の結果を式として評価することができる。これを代入式という。代入式は、以下のようにwhileループにおいてinput関数で入力を繰り返す場合に有効である。これはC系言語でよく使う手法である。

実行結果

```
s = 0
while (a := int(input('data?'))) != -1:
    s += a
print(f'合計={s:d}')
```

```
data?10
data?20
data?-1
合計=30
```

代入式を使わなければ以下のようになる。

```
while True:
    a = int(input('data?'))
    if a == -1:
        break
```

3.5　条件式

3.5.1　Python特有の表現

Pythonでは「10 <= a and a < 20」のような表現を「10 <= a < 20」のように表現することもできる。「a < b == c」は、aがbより小さく、かつbとcが等しいかを判定する。

3.5.2　ショートサーキット評価

andやorで結ばれた条件式の評価順は左から行われ、そこで真偽がわかれば、それより右の式は評価しない。これをショートサーキット評価という。以下の場合「i < 3」という条件を満たさないので、「a[i] == 3」は評価せずに、偽と判定する。

```
a = [1, 2, 3]
i = 3
if i < 3 and a[i] == 3 :
    print(i)
```

ところが、「if a[i] == 3 and i < 3:」と条件式の順序を逆にした場合は、先に「a[i] == 3」が評価されるので、添字エラーとなる。

3.5.3　if else式（条件演算子、三項演算子）

if else文でなく、以下をif else式という。オペランドが3つあるので、三項演算子ともいう。条件式を満たせば、①、満たさなければ②が式の値となる。

①if 条件式 else ②

以下は、aとbの大きい方がxに入る。

```
a, b = 10, 20
x = a if a > b else b
```

3.5.4 is演算子（同値性と同一性）

　以下の2つのリスト（オブジェクト）に対し、「x == y」は同じ値か（同値性）を調べるので「True」となり、「x is y」は2つのオブジェクトが同じものか（同一性）を調べるので「False」となる。

　これに対し、同じ内容の文字列リテラルは同一オブジェクトとしてメモリ上に格納されているので、「a == b」も「a is b」も「True」となる。

```
x = [1, 2, 3]                    a = 'abc'
y = [1, 2, 3]                    b = 'abc'
```

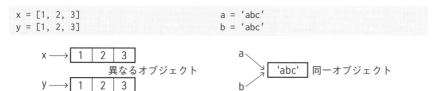

3.5.5 in演算子

　in演算子はリストやタプルなどに特定の要素が含まれるか調べる。「1 in [0,1,2]」は「True」を返し、「3 in [0,1,2]」は「False」を返す。

■ 3.6 ビット演算子

　たとえば「147」を2進数の「1」、「0」で表すと以下のようなビットパターンになる。この各ビットを操作するのがビット演算子である。Pythonでは整数は無限桁なので、正値の場合は上の桁が無限に0で埋められ、負値の場合は無限に1で埋められていると見なす。

オール0	1	0	0	1	0	0	1	1

3.6.1 2進数、8進数、16進数表記

　10進数の「147」を2進数、8進数、16進数表記で表すと以下のようになる。

- 2進数　⇒　0b10010011
- 8進数　⇒　0o223
- 16進数　⇒　0x93

3.6.2 bin／oct／hex関数

　bin／oct／hex関数は、それぞれの2進数／8進数／16進数表記の文字列を返す。

実行結果

```
a = 147
print(bin(a), oct(a), hex(a))
```
```
0b10010011 0o223 0x93
```

　bin関数（oct／hex関数も）で負値を表示すると、その値を正値としたビットパターンを作り「-0b」のように「-」を付ける。このため、負値の本来のビットパターンにはならないので、適当な桁（たとえば0xffff:16桁）でマスクした結果を表示するようにする。以下は、「-129」をそのままbin関数で表示した場合と0xffffでマスクして表示した場合である。

実行結果

```
a = -129
print(bin(a), bin(a & 0xffff))
```

```
-0b10000001 0b1111111101111111
```

3.6.3　AND演算

　各桁のビット単位のAND（演算される2つのビットが共に1のときだけ1となる）を取る演算子として&を用いる。「&」演算子は、特定ビットをマスクするときに良く使う。

実行結果

```
a = 0b1011
b = 0b1110
print(bin(a & b))
```

```
0b1010
```

3.6.4　OR演算

　各桁のビット単位のOR（演算される2つのビットのどちらかが1のとき1となる）を取る演算子として|を用いる。「|」演算子は、特定ビットを立てる（セットする）ときに良く使う。

実行結果

```
a = 0b1010
b = 0b0001
print(bin(a | b))
```

```
0b1011
```

3.6.5　XOR演算

　各桁のビット単位のXOR（演算される2つのビットが互いに異なるとき1となる）を取る演算子として^を用いる。eXclusive OR（排他的論理和）を略してXORと書く。「^」演算子は、特定ビットをビット反転するときに良く使う。

実行結果

```
a = 0b1010
b = 0b0011
print(bin(a ^ b))
```

```
0b1001
```

3.6.6　NOT演算

　各桁のビット単位のNOT（ビット反転:0は1、1は0にする）を取る演算子として~を用いる。Pythonでは整数は無限桁なので、正値の場合は上の桁が無限に0で埋められていると見なして、反転も上の桁が無限に1で埋められているという想定でマイナス値を返す。

　以下は、0〜128の整数をビット反転した結果をビットパターンで表示する。ビットパターンで見ないで、数値でみると、aの~aは-(a + 1)の値になる。

```
for a in range(129):
    print(a, bin(a), ':', ~a, bin(~a & 0xffff))
```

実行結果

```
0 0b0 : -1 0b1111111111111111
1 0b1 : -2 0b1111111111111110
2 0b10 : -3 0b1111111111111101
3 0b11 : -4 0b1111111111111100
...
126 0b1111110 : -127 0b1111111110000001
127 0b1111111 : -128 0b1111111110000000
128 0b10000000 : -129 0b1111111101111111
```

3.6.7 左シフト

a << bでaの各ビットを左へbビットだけ左シフトする。このとき、空いた右には0が入る。

実行結果

```
a = 0b1010
print(bin(a << 2))
```

```
0b101000
```

3.6.8 右シフト

a >> bでaの各ビットを右へbビットだけ右シフトする。このとき、空いた左に符号ビット（最上位ビット：負数なら1、正数なら0）の値が入る。

実行結果

```
a = 0b1010
print(bin(a >> 2))
```

```
0b10
```

■ 3.7 内包表記

　内包表記はリスト、辞書、集合などのコレクション型を簡潔に生成するための構文である。たとえば、リスト要素を指定する[]の中にfor文や条件文を式として記述する方法である。詳細は **4.4.3 内包表記による初期化** を参照。

```
a = [0 for i in range(10)]
```

　以下は、aの要素を整数化したリストbを作る。

```
a = [1, 2.5, 3.4]
b = [int(i) for i in a]
```

　内包表記にはif節を加えることができる。if節で指定した条件に合った要素のみを取り出して新しいリストを作成する。

実行結果

```
a = [1, 2, 3, 4, 5]
b = [i for i in a if 2 < i < 5]
print(b)
```

```
[3, 4]
```

以下はnumbersの負の要素だけをminus_valueに取り出すものである。

```
numbers = [1, 5, -3, 6, -7]
minus_value = []
for n in numbers:
    if n < 0:
        minus_value.append(n)
print(minus_value)
```

これを内包表記で書くと以下のようになる。

```
minus_value = [n for n in numbers if n < 0]
```

さらに、要素を絶対値にするには以下のようになる。

```
abs_value = [n if n >= 0 else -n for n in numbers]
```

- 効率性か可読性か

  Pythonの内包表記は、簡潔でコンパクトな書き方を提供し、リストやイテラブルの生成を効率的に行える。しかし複雑な処理や長い行になる場合、可読性が低下する可能性がある。

  筆者としては単純な処理は内包表記を使い、複雑な処理や、他言語への移植を考慮した場合は可読性のある書き方が良いと思う。内包表記をどの範囲で使うかは個人またはチームで指針をたてることが大切である。

■ 3.8　ジェネレータ式

ジェネレータオブジェクトを生成する式で、内包表記を()で囲んだものである。生成されるオブジェクトはリストに似ているが、ジェネレータオブジェクトは必要なときに動的に生成できる点が異なる。**6.3.15 yield文**を参照。

実行結果

```
SEASON = '春夏秋冬'
season = (s for s in SEASON)
print(season)
print(list(season))
```

```
<generator object <genexpr> at 0x7888740aa6c0>
['春', '夏', '秋', '冬']
```

[4] データ型

■ 4.1　データ型の種類

数値型、シーケンス型、辞書型、集合型などの組み込み型と、ユーザが定義するユーザー定義型（クラス）がある。関数も呼び出し可能型という型に属する。この他に「例外」も型である。

データ型		例
数値型	整数型	100
	実数型（浮動小数点型）	3.14
	複素数型	3+4j
	論理型	True／False
シーケンス型	文字列型	'apple'
	リスト	[0, 1, 2]
	タプル	{0, 1, 2}
	バイト配列（bytes）	b'abc'
辞書型 (マッピング型)		{'a':'りんご', 'o':'みかん'}
集合型		{'りんご', 'みかん'}
クラス、インスタンス		class Person:
呼び出し可能型		def func():

4.1.1 変数の型宣言

Pythonの変数やリストは型を宣言せずに使用し、代入された内容により型が決まる。「a = 100」とすれば、変数aは整数型の変数であり、「a = 'apple'」とすれば変数aは文字列型の変数に代わる。

4.1.2 シーケンス型とコレクション型

シーケンス型は複数の要素を順番に並べたデータ型で、文字列型、リスト、タプル、バイト配列（bytes）が該当する。シーケンス型に加え、順番には関係ない複数のオブジェクトを扱う型（辞書型と集合型）を含めた型をコレクション型という。

4.1.3 データの型とサイズを調べる

データの型はtype関数で調べることができる。

```
print(type(1), type(1.0), type('a'), type(True))
```

実行結果

```
<class 'int'> <class 'float'> <class 'str'> <class 'bool'>
```

それぞれの型（整数、実数、文字列、論理型）のデータがメモリ上で何バイト占有するかをgetsizeofメソッドで調べる。

```
import sys

a, b, c = 0, 1, 10000000000000
print('int', sys.getsizeof(a), sys.getsizeof(b), sys.getsizeof(c))

x, y, z = 0.0, 1.0, 10000000000000.0
print('float', sys.getsizeof(x), sys.getsizeof(y), sys.getsizeof(z))

s, t, u = '', 'a', 'aa'
print('str', sys.getsizeof(s), sys.getsizeof(t), sys.getsizeof(u))
```

```
bool = True
print('bool', sys.getsizeof(bool))
```

実行結果

```
int 24 28 32
float 24 24 24
str 49 50 51
bool 28
```

この結果から実数型は24バイト、論理型は28バイトで固定であるが、整数型と文字列型はデータの桁数により変化することがわかる。

4.1.4　整数型と実数型のメモリ上のサイズ

Pythonの整数型は最低で24バイト占有し、桁数が多くなると占有バイト数がメモリの許す範囲で増大する。実数型は24バイト固定である。なお、Pythonの実数型（float）の精度はC系言語のdoubleと同じ、いわゆる倍精度実数型の精度である。

Pythonのデータ型のメモリ占有バイト数が、C系言語のデータ型が占有するバイト数に比べてかなり大きいのは、純粋なデータだけでなく、オブジェクトとしての情報を持っているからである。

ここで注意すべきは、整数の「1」はメモリ上では「28」バイト占有するのに対し、実数の「1.0」はメモリ上では「24」バイト占有し、実数の方が整数よりメモリ占有が小さいという、C系言語では考えられない言語仕様である。

C系言語		Python	
short	2	int	24〜
long	4		
float	4	float	24
double	8		

4.1.5　ミュータブルとイミュータブル

値を変更できるオブジェクトのことをミュータブル（mutable）と呼び、値を変更できないオブジェクトのことをイミュータブル（immutable）と呼ぶ。数値型、文字列型、タプル型はイミュータブルで、リスト、辞書、集合はミュータブルである。

文字列は変更不可能なので、以下の例でword[0]は参照可能であるが、代入はできない。

```
word = 'abcd'
word[0] = 'A'  # エラー
```

リストは変更可能である。そのため、文字列処理をする際は、文字列を個々の文字からなるリストに一旦変換し、変更を加えてから再び文字列に変換する。以下の例では「word」はリスト、「rep」は文字列である。

```
word = list('this is a pen')
word[0] = 'T'
rep=''.join(word)
```

```
print(word)
print(rep)
```

実行結果

```
['T', 'h', 'i', 's', ' ', 'i', 's', ' ', 'a', ' ', 'p', 'e', 'n']
This is a pen
```

4.1.6 イテラブルとイテレータ

値を反復利用できることを、イテラブル（iterable）という。イテレータ（iterator）は、要素を反復して取り出すことのできる機能である。イテレータの機能は、for文において、リストや辞書を引数に使用した場合に内部的に実行されている。

```
a = [1, 2, 3]
for i in a:
```

イテレータオブジェクトは、iter関数で生成できる。イテレータオブジェクトは、next関数で次の要素を取得できる。

実行結果

```
a = [1, 2, 3]
ia = iter(a)
print(type(ia))
print(next(ia))
print(next(ia))
```

```
<class 'list_iterator'>
1
2
```

4.1.7 アノテーション

一般にアノテーション（annotation）とは、テキスト、音声、画像、動画などのメタデータに情報を付けることで、AI分野では重要な技術である。

Pythonは型に対して厳密でなかったが、Python 3.6から型アノテーションを導入し、データの型を明示できるようになった。しかし、これはコメントの注釈程度であり、型が異なるデータを代入してもエラーとはならない。

4.1.7.1 変数アノテーション

以下は、変数msgを文字列型（str型）として明示している。「str = 1.0」としてもエラーにならない。

```
msg: str = 'Hello world!'
```

4.1.7.2 関数アノテーション

以下は、関数tasuを整数型（int型）として明示している。

```
def tasu(a,b) -> int:
    return a + b
```

■ 4.2 数値型

数値型には、整数型、実数型、論理型、複素数型がある。

4.2.1 整数型

小数点のない数を整数型という。多くの言語では整数型の取れる値に上限があるが、Pythonでは上限がない。

```
for n in range(50):
    print(n, 10 ** n)
```

実行結果

```
0 1
1 10
2 100
3 1000
4 10000
5 100000
...
47 100000000000000000000000000000000000000000000000
48 1000000000000000000000000000000000000000000000000
49 10000000000000000000000000000000000000000000000000
```

4.2.2 実数型（浮動小数点型）

小数点のある数を実数型という。実数型の内部表現に浮動小数点方式を使うため、浮動小数点型とも呼ぶ。Pythonの浮動小数点型（float型）はC系言語の倍精度浮動小数点型（double型）に相当する。Pythonの浮動小数点型の情報は、以下のようにして調べることができる。

```
import sys
print(sys.float_info)
print(sys.float_info.max)
print(sys.float_info.min)
```

実行結果

```
sys.float_info(max=1.7976931348623157e+308, max_exp=1024, max_10_exp=308, ⏎
min=2.2250738585072014e-308, min_exp=-1021, min_10_exp=-307,dig=15, mant_dig=53, ⏎
epsilon=2.220446049250313e-16, radix=2, rounds=1)
1.7976931348623157e+308
2.2250738585072014e-308
```

このことから、取りえる範囲は「-1.7976931348623157e+308〜1.7976931348623157e+308」である。また、2つの実数の最小間隔は「2.2250738585072014e-308」で、これより細かくできない。

最小間隔2.2250738585072014e-308

| -1.7976931348623157e+308 | 0 | 1.7976931348623157e+308 |

4.2.2.1 実数型の有効桁数とe表示

実数（浮動小数点数）の有効桁数は16桁で、17桁目が丸められる。大きな値の実数値は「e+308」のように表す。これは「10^{308}」を意味する。

$$1.\underbrace{7976931348623157}_{\text{有効桁数16桁}}e+308$$

4.2.3 論理型（ブール型）

論理型（ブール型）は真か偽かの2つの値だけを取る型である。真をTrue、偽をFalseで表す。not演算子でTrue／Falseを反転する。論理型は整数型の派生クラスでFalseは「0」、Trueは「1」として動作する。

実行結果

```
flag = False
print(flag)
flag = not flag
print(flag)
```

```
False
True
```

無限ループを作るには次のようにする。

```
while True:
```

    繰り返すブロック

AND回路の真理値表を作ると以下のようになる。

実行結果

```
bool = [False, True]
for a in bool:
    for b in bool:
        print(a, b, a and b)
```

```
False False False
False True False
True False False
True True True
```

4.2.4 複素数型

複素数型は、虚部に「j」を接尾して表す。

実行結果

```
a = 1.0 + 1.0j
b = 2.0 + 3.0j
c = a + b
d = a * b
print(c,d)
```

```
(3+4j) (-1+5j)
```

4.3 文字列型

文字列型はシーケンス型データで、イミュータブル（変更不可）である。

4.3.1　一般事項

- 文字列型は「'」または「"」で囲む。本書では「'」で囲む。
- 文字列同士の連結は「+」演算子で行う。文字列と数値の連結はできないので、str関数で数値文字列にしてから連結する。
- 「*」演算子で文字列を繰り返して連結する。たとえば n 個分の空白を作るには「' ' * n」とする。
- len関数で文字列の長さを取得できる。
- 文字列msgの i 番目（0スタート）はmsg[i]で取得できる。
- 部分文字列はmsg[n:m]のように取り出すことができる。これは n 番目から m 番目の直前（$m-1$番目）までの文字列を取り出す。n を省略すると先頭、m を省略すると末尾と解釈される。
- 文字列の大小比較は<、<=、<、<=、==、!=の演算子を用いて「'Ann' < 'Lisa'」のように行う。比較は内部コード順に行われる。数字文字<英大文字<英小文字の順。つまり次のような大小関係になる。

  '0' < … < '9' < … < 'A' < 'AA' < 'AB' < 'B' < … < 'Z' < … < 'a' < … < 'z'

  日本語の比較の場合、ひらがなは文字コード順に並んでいるので、大小比較ができる。たとえば、

  'あやか' < 'ききょう'

  などと比較できる。
- in演算子で文字列が他の文字列に含まれているかどうかを判定する。たとえば「'pen' in 'pencil'」は真となる。

4.3.2　文字列リテラルの結合（concatenation）

隣接する文字列リテラルは結合される。

```
'apple''orange'
```

は以下のように結合される。

```
'appleorange'
```

このことを利用して、長い文字列を行を分けて記述するには、'' で複数に分離し、行の終わりに「\（バックスラッシュ）」を置く。「\」は日本語キーボードでは「¥」となる。

```
maka = '観自在菩薩行深般若波羅蜜多時。照見五蘊皆空。度一切苦厄。' \
       '舎利子。色不異空。空不異色。色即是空。空即是色。受想行識亦復如是。'
print(maka)
```

実行結果

```
観自在菩薩行深般若波羅蜜多時。照見五蘊皆空。度一切苦厄。舎利子。色不異空。空不異↵
色。色即是空。空即是色。受想行識亦復如是。
```

なお、Pythonでは括弧（()、{}、[]）の中では自由に改行ができる決まりなので、()を使って次のように記述することもできる。

```
maka = ('観自在菩薩行深般若波羅蜜多時。照見五蘊皆空。度一切苦厄。'
        '舎利子。色不異空。空不異色。色即是空。空即是色。受想行識亦復如是。')
```

4.3.3　エスケープシーケンス

エスケープシーケンスは表現できない文字コード（制御コード）を「\（バックスラッシュ）」で始まる一連の文字列で表す仕組みである。エスケープシーケンスは「\」以後の文字を通常の解釈から除外（escape）して扱う。「\」は日本語キーボードでは「¥」である。

エスケープシーケンスには、「\」の後ろに1個の文字を置いた単純エスケープシーケンス、「\ooo」の8進数エスケープシーケンス、「\xHH」の16進数エスケープシーケンスがある。

エスケープ文字	エスケープコード	機能
\'	0x27	'の文字
\"	0x22	"の文字
\?	0x3f	?の文字
\\	0x5c	\の文字
\a	0x07	警告音（alert）
\b	0x08	バックスペース
\f	0x0c	改頁（form feed）
\n	0x0a	改行（new line）
\r	0x0d	復帰（carriage return）
\t	0x09	水平タブ（horizontal tab）
\v	0x0b	垂直タブ（vertical tab）
\ooo		3桁以内の8進数
\xHH		2桁の16進数

4.3.4　接頭（プレフィックス）文字列

4.3.4.1　raw文字列リテラル

raw文字列は「r」を接頭する。「raw」は生という意味。raw文字列では、\（バックスラッシュ：日本語キーボードでは「¥」）をエスケープシーケンス文字としてでなく、「\」そのものとして扱う。通常の文字列では'\n'は改行コードを意味する。正規表現を使用するときに使う。

実行結果

```
text = 'a\tb\n'
rtext = r'a\tb\n'

print(text)
print(rtext)
```

```
a    b

a\tb\n
```

4.3.4.2　フォーマット済み文字列リテラル（f文字列）

f文字列は先頭に「f」を接頭し、{}内に指定した変数の値を文字列中に埋め込む。

実行結果

```
x, y =3.14, 20
text = f'a={x:.3f},b={y:5d}'
print(text)
```

```
a=3.140,b=   20
```

{}内の書式文字列は一般に以下のように書く。「型」を指定しなければデータの型であると自動判定する。

```
{x:3d}
    │└─型
    └──桁数
 └───データ
```

型指定文字	型
d	整数
f	実数
e	実数（指数表記）
g	桁数に応じてfまたはe形式
s	文字列
b、o、x、X	2進数、8進数、16進数

実数表記にf、e、gの3種類があるが、その違いは以下である。

```
x, y = 123.45, 1234567.89
print(f'{x:f},{x:e},{x:g}')
print(f'{y:f},{y:e},{y:g}')
```

実行結果
```
123.450000,1.234500e+02,123.45
1234567.890000,1.234568e+06,1.23457e+06
```

以下にいくつかの例を示す。

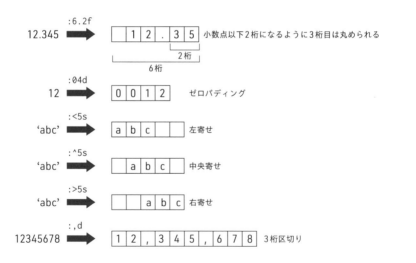

4.3.4.3　バイト列リテラル

バイト列リテラルは「b」を接頭する。バイト列リテラルはバイトデータ（0～255）の並びである。

byte = b'a\tb\n'

実行結果
```
97
9
```

```
for b in byte:
    print(b)
```

```
98
10
```

4.3.4.4 Unicode文字列リテラル

旧バージョンでは、日本語文字列（Unicode文字列）を表すのに「u」を接頭していた。Python 3 からは接頭しなくてよい。

```
u'日本語'
```

4.3.5 Unicode と UTF-8

Pythonでは符号化文字集合にUnicode、文字符号化方式にUTF-8を採用している。Unicodeは世界中のあらゆる文字や記号が収録されている文字集合である。UTF-8は「Unicode Transformation Format-8」の略で、Unicodeの符号を8ビット単位で表す1～4バイトの可変長のコードに変換する。符号化文字集合は文字コードの体系で、文字符号化方式はその文字コードをどのようなバイト列で表すかの方式である。

実行結果

```
print(hex(ord('a')))
print(hex(ord('あ')))
```

```
0x61
0x3042
```

4.3.6 文字列に関するメソッド

文字列を操作する主なメソッドとして以下がある。

メソッド	機能
count	カウント
format	書式制御
index／find	検索
join	リストの結合
lower／upper／capitalize	大小文字変換
replace	置き換え
rjust／ljust／center	右寄せ／左寄せ／中央寄せ
split	分割

• **count メソッド**

指定した文字列が何個含まれるか調べる。

```
word = 'this is a pen'
n = word.count('is')
print(n)
```

```
2
```

- **format メソッド**

  書式制御を行う。文字列中の{}とformatの引数が対応する。{}内に何も書かなければ、format引数の型で変換される。{}内に型を指定すると、format引数の型と一致しなければエラーとなる。

  ```
  x, y =3.14, 20
  print('a={:.3f},b={:5d}'.format(x, y))
  ```

  {}内の書式文字列は一般に以下のように書く。format引数の順番は省略可なので、通常は{:3d}{:5.1f}のような表記になる。使用できる型は**4.3.4.2 フォーマット済み文字列リテラル（f文字列）**を参照。

  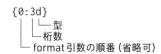

  > 注 f文字列を使えば、formatメソッドを使わずに簡略に書式制御が行える。f文字列はformat関数を簡易化したものである。f文字列はPython 3.6から導入された機能である。

- **find / index メソッド**

  検索文字の位置を調べる。見つからなければfindは「-1」を返し、indexは「ValueError」を発生する。**6.3.14 try文**を参照。

  ```
  word = 'this is a pen'
  n = word.find('pen')
  print(n)
  ```

  実行結果
  ```
  10
  ```

- **lower / upper / capitalize メソッド**

  英大小文字を変換する。

  ```
  word = 'this is a pen'
  rep = word.upper()
  print(rep)
  ```

  実行結果
  ```
  THIS IS A PEN
  ```

- **replace メソッド**

  文字列の置き換えをする。

  ```
  word = 'this is a pen'
  rep = word.replace('pen', 'pencil')
  print(word)
  print(rep)
  ```

  実行結果
  ```
  this is a pen
  this is a pencil
  ```

- **rjust / ljust / center メソッド**

  指定桁で右寄せ／左寄せ／中央寄せを行い、空白を補う。

```
word = 'apple'
print('1234567890')
print(word.rjust(10))
```

実行結果
```
1234567890
     apple
```

rjustを使って指定個数の空白を作るには、以下のようにする。

```
n = 6
print('123456789')
spc=''.rjust(n) + 'a'
print(spc)
```

実行結果
```
123456789
      a
```

- **split メソッド**
  指定した区切り文字で文字列を分離する。

```
word = 'this is a pen'
rep = word.split(' ')
print(rep)
```

実行結果
```
['this', 'is', 'a', 'pen']
```

■ 4.4 リスト

リストはシーケンス型データで、ミュータブル（変更可能）である。

4.4.1 リストの定義と参照

4.4.1.1 1次元リスト

i番目の要素はa[i]で参照できる。

```
a = [0, 0, 0, 0, 0, 0, 0]
```

4.4.1.2 2次元リスト

i行j列の要素はm[i][j]で参照できる。2次元リストは行番号（i）と列番号（j）で管理される。行は横方向のかたまり、列は縦方向のかたまりであるが、行番号は縦方向、列番号は横方向となる。

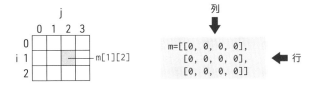

347

4.4.2 リストに適用できる演算子

4.4.2.1 ＋演算子（リストの結合）

「+」演算子でリストの連結を行うことができる。以下では、cは[1, 2, 3, 4, 5]となる。

```
a = [1, 2, 3]
b = [4, 5]
c = a + b
```

以下は、aのi番目の要素を先頭に移したリストbを作る。

```
a = [10, 20, 30, 40, 50]
i = 2
b =[a[i]] + a[:i] + a[i+1:]
```

4.4.2.2 ＊演算子（要素のコピー）

「*」演算子でリストをコピーできる。以下では、aは[0, 0, 0]となる。

```
a = [0] * 3
```

4.4.3 内包表記による初期化

リスト要素が多い場合は、内包表記で初期化する。内包表記は「式」とfor節を組み合わせたものである。

4.4.3.1 1次元リストの初期化

1次元リストの初期化は、以下のようになる。

- a = [0 for i in range(10)] ⇒ [0, 0, 0, 0, 0, 0, 0, 0, 0, 0]
- a = [i for i in range(10)] ⇒ [0, 1, 2, 3, 4, 5, 6, 7, 8, 9]
- a = [chr(ord('a')+i) for i in range(26)]
  ⇒ ['a', 'b', 'c', …, 'x', 'y', 'z']

for節はネストすることができる。

- a = [i * j for i in range(1,4) for j in range(i, 4)]
  ⇒ [1, 2, 3, 4, 6, 9]

これは以下と同じ結果となる。

```
a = []
for i in range(1, 4):
    for j in range(i, 4):
        a.append(i * j)
```

4.4.3.2　2次元リストの初期化

　*M*行*N*列の2次元リストの初期化は、以下のようになる。列要素を先に指定する。[0] * N で *N* 個の列要素を作り、それを *M* 行分作る。

実行結果

```
M, N = 3, 4
a = [[0] * N for i in range(M)]
print(a)
```

```
[[0, 0, 0, 0], [0, 0, 0, 0], [0, 0, 0, 0]]
```

　「[0] * N」というリストの乗算表現でなく、ここも for による内包表現を使うなら、以下のようになる。

```
a = [[0 for j in range(N)] for i in range(M)]
```

　しかし、リストの乗算表現を次のように使うと誤りである。これは、*[0] * N* という同じオブジェクトを *M* 個作っているので、「a[0][1] = 1」は第1列全部に適用されてしまう。

実行結果

```
M, N = 3, 4
a = [[0] * N] * M  # 間違い
a[0][1] = 1
print(a)
```

```
[[0, 1, 0, 0], [0, 1, 0, 0], [0, 1, 0, 0]]
```

4.4.4　リストの長さ

　len関数でリストの長さ（要素数）を取得する。

4.4.4.1　1次元リストの長さ

　1次元リストの場合は、リスト名を指定すればリストの長さが得られる。

```
a = [0, 0, 0]
print(len(a))       # リストの長さ3
```

4.4.4.2　2次元リストの長さ

　2次元リストの場合は、len(b) のようにリスト名を指定すれば、行の要素数が得られる。列要素数を調べるには len(b[0]) のように、いずれかの行要素を指定する。

```
b = [[0, 0, 0],
     [0, 0, 0]]
print(len(b))       # 2次元リストの行要素数2
print(len(b[0]))    # 2次元リストの列要素数3
```

4.4.5　空リスト

　リストにデータを追加する場合、何もない状態から始める場合がある。この場合は空リストを使う。空リストは要素を置かない[]で表す。

```
word = []  # 空リスト
word.append('apple')
word.append('orange')
word.append('banana')
print(word)
```

実行結果

```
['apple', 'orange', 'banana']
```

4.4.6　異なるデータ型の要素

リスト要素は異なるデータ型であっても良い。次は文字列型と整数型の要素を1つの行要素として、2次元リストにしたものである。girl[0][0]で0行の要素の名前データが、girl[0][1]で0行の要素の年齢データが参照できる。

```
girl = [['Ann', 21],
        ['Lisa', 19]]
print(girl[0][0])
print(girl[0][1])
print(girl)
```

実行結果

```
Ann
21
[['Ann', 21], ['Lisa', 19]]
```

これは、('Ann', 21)のようなタプルを使って1次元リストとして作成することもできる。

4.4.7　ジャグリスト

各行の列数が異なっても良い。これをジャグリストという。jaggedはギザギザという意味。

```
blood = [['A','Lisa','Pattie'],
         ['B','Rolla'],
         ['AB'],
         ['O','Ann','Emy']]
print(blood)
```

実行結果

```
[['A', 'Lisa', 'Pattie'], ['B', 'Rolla'], ['AB'], ['O', 'Ann', 'Emy']]
```

4.4.8　添字エラー

4.4.8.1　添字範囲エラー

添字の範囲外の要素を参照すると実行時エラーになる。以下の例では添字の範囲は0～2なので、範囲を超えたm[3]はエラーとなる。

実行結果

```
m = [0, 0, 0]
m[3] = 0
```

```
IndexError: list assignment index out of range
```

4.4.8.2 添字が整数型でないエラー

「3 / 2」は「1.5」となり、添字が整数型でないのでエラーとなる。これを回避するには、m[3 // 2]またはm[int(3 / 2)]とする。

実行結果

```
m = [0, 0, 0]
m[3 / 2 ]= 0
```

```
TypeError: list indices must be integers or slices, not float
```

4.4.9 スライス

リストの要素をスライスすることができる。開始位置、終了位置は省略できる。開始位置を省略すると最初から、終了位置を省略すると最後までを指定したことになる。

実行結果

```
a = [1, 2, 3, 4, 5]
b = a[1:3]
c = a[2:]
d = a[:3]
print(b)
print(c)
print(d)
```

```
[2, 3]
[3, 4, 5]
[1, 2, 3]
```

4.4.10 文字列⇔リスト変換

文字列とリストは似たデータ構造である。文字列はイミュータブル（変更不可）なのに対し、リストはミュータブル（変更可能）である。このため、文字列とリストを型変換してデータ処理することがある。文字列をリストに変換するには組み込みのlist関数、リストを文字列に変換するには文字列クラスのjoinメソッドを使う。

実行結果

```
text = 'abcd'
ls = list(text)
print(ls)
```

```
['a', 'b', 'c', 'd']
```

実行結果

```
ls = ['a','b','c','d']
text = ''.join(ls)
print(text)
```

```
abcd
```

4.4.11 コピー

代入によるコピーは実体がコピーされるのでなく、参照するだけなので、リストbの内容を変えれば、リストaの内容も変わる。

実行結果

```
a = [1, 2, 3]
b = a
b[0] = 10
print(a)
print(b)
```

```
[10, 2, 3]
[10, 2, 3]
```

このことは、リストを関数の引数で渡した場合も同様で、関数側で引数でもらったリストの内容を変えれば、呼び出し側のリストの内容も変わる。

実行結果

```
def func(x):
    x[0] = 10

a = [1, 2, 3]
func(a)
print(a)
```

```
[10, 2, 3]
```

実体をコピーするには、スライスにより新たなオブジェクトを作り変数に代入する。

実行結果

```
a = [1, 2, 3]
b = a[:]  # スライスによる実体のコピー
b[0] = 10
print(a)
print(b)
```

```
[1, 2, 3]
[10, 2, 3]
```

4.4.12　in演算子

in演算子を使えば、リスト内に指定した要素があるか調べることができる。not inとすると、要素がないことを検索する。

実行結果

```
fruit = ['apple', 'orange', 'banana']
if 'orange' in fruit:
    print('含まれる')
```

```
含まれる
```

4.4.13　リスト操作メソッド

Pythonにはリスト要素の追加や削除などの、リストを操作するためのメソッドがある。

メソッド	機能
append	末尾に追加
clear	全クリア
count	カウント
index	検索
insert	指定位置に追加
pop	削除
remove	削除
sort	ソート

- **append メソッド**

  リスト要素の追加を行う。

実行結果

```
word = ['apple', 'orange', 'banana']
word.append('strawberry')
print(word)
```

```
['apple', 'orange', 'banana', 'strawberry']
```

- **insert メソッド**

  指定した位置の直前に追加する。

実行結果

```
word = ['apple','orange','banana']
word.insert(1,'strawberry')
print(word)
```

```
['apple', 'strawberry', 'orange', 'banana']
```

- **pop / remove / clear メソッド**

  popは指定位置のデータを削除する。

```
word = ['apple','orange','banana']
word.pop(1)
```

  removeは指定した要素を削除する。複数ある場合は先頭だけを削除する。

```
word.remove('orange')
```

  clearは全部を削除し、空リストにする。

```
word.clear()
```

注 削除はdel文でもできる。

- **index メソッド**

  サーチ（検索）する文字列のインデックスを返す。見つからなければ「ValueError」を発生する。
  6.3.14 try文を参照。文字列に関するfindメソッドに相当するものはリストにはない。

付録

Python文法

実行結果

```
word = ['apple','orange','banana']
n = word.index('orange')
print(n)
```

```
1
```

置き換えメソッドはないので、indexを使って以下のように'orange'を'strawberry'に置き換える。

実行結果

```
word = ['apple', 'orange', 'banana']
n = word.index('orange')
word[n] = 'strawberry'
print(word)
```

```
['apple', 'strawberry', 'banana']
```

• **countメソッド**
指定したデータがリスト中に何個あるか数える。文字列のcountメソッドと同様。

実行結果

```
a = [56, 67, 100, 89, 100]
n = a.count(100)
print(n)
```

```
2
```

• **sortメソッド**
リストのソートを行う。

実行結果

```
girl = ['りほ', 'あゆみ', 'なぎさ', 'まゆ']
girl.sort()
print(girl)
```

```
['あゆみ', 'なぎさ', 'まゆ', 'りほ']
```

降順にソートしたいときはreverse=Trueとする。

実行結果

```
girl = ['りほ', 'あゆみ', 'なぎさ', 'まゆ']
girl.sort(reverse=True)
print(girl)
```

```
['りほ', 'まゆ', 'なぎさ', 'あゆみ']
```

■ 4.5　タプル

タプル（tuple）とは、順序付けられた複数の要素で構成される組を意味する。もとは数学の概念である。タプルオブジェクトは、複数の値をカンマ「,」で区切って記述する。タプルの各要素はリストと同様、[0]、[1]、[2]のように要素の順番を指定して参照できる。リストとタプルは構造が似ているが、タプルはイミュータブル（変更不可）である。

実行結果

```
taro = ('taro', 'male', 18)
print(type(taro))
print(taro)
print(taro[0], taro[1], taro[2])
```

```
<class 'tuple'>
('taro', 'male', 18)
taro male 18
```

タプルは()で囲んでもよいが、これは必須ではない。タプルが大きな式の一部だったりネストしている場合は、()があった方が分かりやすい場合がある。ただし、空のタプルを作るとき、リストなどの要素に指定する場合、引数渡しの場合は()が必要である。

```
taro = ()  # 空のタプル
a = [('taro', 18), ('jiro', 19)]
func(('taro', 'male', 18))  # 引数渡し
```

4.5.1 多重代入（アンパック代入）

Pythonでは、タプルやリストの要素を展開して複数の変数に代入（多重代入）できる。シーケンスのアンパック (sequence unpacking) やアンパック代入などと呼ばれる。

```
a = 0
b = 0
```

と書くところを、

```
a, b = 0, 0
```

とすることができる。

```
girl = 'Alice,18'
name, age = girl.split(',')
```

とすれば、「,」で分離された 'Alice' がnameに、18がageに代入される。

4.5.2 2変数の交換

2つの変数a、bの内容を交換する場合、一般の言語では、作業変数tを使って、

```
t = a
a = b
b = t
```

とする。Pythonではタプルを使って以下のように書ける。

```
a, b = b, a
```

4.5.3 複数の関数戻り値

タプルは関数の戻り値が複数ある場合にも使用される。

```
def calc(a, b):
    return a + b, a - b

tasu, hiku = calc(100, 20)
```

■ 4.6　辞書

辞書はキーと値のペアである。以下のように要素を{}で囲む。キーを使って辞書の要素を参照する。同じキーを指定すると、後に指定した値に更新される。

```
{キー1: 値1, キー2: 値2, ...}
```

```
word = {'apple': 'りんご', 'orange': 'みかん', 'banana': 'バナナ'}
print(word)
print(word['orange'])
```

実行結果

```
{'apple': 'りんご', 'orange': 'みかん', 'banana': 'バナナ'}
みかん
```

新しい要素は以下のように追加できる。

```
word['strawberry'] = 'いちご'
```

4.6.1　for in文による要素の取り出し

for in文でオブジェクトを取り出した場合、辞書のキー要素が取り出される。

```
word = {'apple': 'りんご', 'orange': 'みかん', 'banana': 'バナナ'}
for key in word:
    print(key)
    print(word[key])
```

実行結果

```
apple
りんご
orange
みかん
banana
バナナ
```

4.6.2　辞書のメソッド

- **get メソッド**

word['orange']のような参照ができるが、ないキーを指定すると実行時エラーとなる。要素の取り出しはgetを使った方が安全である。ないキーを指定した場合は「None」を返す。

実行結果

```
word = {'apple': 'りんご', 'orange': 'みかん', 'banana': 'バナナ'}
print(word.get('orange'))
print(word.get('melon'))
```

```
みかん
None
```

- **setdefaultメソッド**

  以下のように辞書を追加した場合、すでに同じキーがあれば置き換え、なければ追加される。

  ```
  word['strawberry'] = 'いちご'
  ```

  setdefaultの場合は、すでに同じキーがあれば、何もせず、なければ追加される。

  ```
  word.setdefault('strawberry','いちご')
  ```

- **itemsメソッド**

  itemsを使うと、キーとそれに対応する値を同時に取り出せる。

  ```
  word = {'apple': 'りんご', 'orange': 'みかん', 'banana': 'バナナ'}
  for key, val in word.items():
      print(key, val)
  ```

  実行結果

  ```
  apple りんご
  orange みかん
  banana バナナ
  ```

4.7 集合

集合は辞書と同様{}で要素を囲む。和集合は「|」演算子、積集合は「&」演算子、差集合は「-」演算子で行う。

```
s1 = {0, 1, 2}
s2 = {1, 2, 3}

wa = s1 | s2
seki = s1 & s2
sa = s1 - s2
print(wa)
print(seki)
print(sa)
```

実行結果

```
{0, 1, 2, 3}
{1, 2}
{0}
```

in演算子で集合の中に含まれるか調べることができる。

```
fruit = {'apple', 'orange', 'banana'}
print('melon' in fruit)
print('apple' in fruit)
```

実行結果

```
False
True
```

■ 4.8　リスト、辞書、集合の相互関係

名前と年齢という2つのデータをどのようなデータ構造にするかで以下のような様々な方法がある。

- リスト

  個々のデータを2つのリストに分けて格納する。

```python
name = ['Alice', 'Lisa', 'Rola']
age = [21, 18, 19]
```

  タプルを使って2つのデータをペアにして1つのリストに格納する。

```python
girl = [('Alice', 21), ('Lisa', 18), ('Rola', 19)]
for name, age in girl:
    print(name, age)
```

  個々の要素を取り出すには、girl[0][0], girl[0][1]のようにする。これで'Alice'と21が取り出される。

- 辞書

```python
girl = {'Alice': 21, 'Lisa': 18, 'Rola': 19}
for key in girl:
    print(key, girl[key])
```

  Aliceの年齢データはgirl['Alice']で取り出す。

- 集合（セット）

```python
girl = {('Alice', 21), ('Lisa', 18), ('Rola', 19)}
for name, age in girl:
    print(name, age)
```

  集合はインデックスを指定した参照はできない。

- 相互の型への変換

```python
name = ['Alice', 'Lisa', 'Rola']
age = [21, 18, 19]
```

というデータをzip関数でまとめてから、他の型に変換できる。

```python
girl_list = list(zip(name, age))
girl_dict = dict(zip(name, age))
girl_set = set(zip(name, age))
```

■ 4.9　バイト配列

ファイルには、テキストファイルとバイナリーファイルがある。プログラムのソースコードを納めたファイルはテキストファイル、ソースコードをコンパイルしてできた実行可能ファイルはバイ

ナリーファイルである。テキストファイルは印字可能文字だけを扱うが、バイナリーファイルは全ての数値を持つ。こうしたバイト列の並びのデータを扱うのがバイト配列である。バイト配列はbytes関数、bytearray関数、b文字列リテラルで作ることができる。bytes関数とbytearray関数の違いは、前者はイミュータブル（変更不可）で後者はミュータブル（変更可）という点だけである。

通常のリストとバイト配列の違いを以下に示す。リストは個々の要素からなるが、バイト配列は文字列のような連続した並びのデータ構造である。バイト配列には0〜255までのASCIIコードしか使えない。

バイト配列はバイナリーファイルの読み書きでよく使う。

実行結果

```
a = [0, 1, 2]
ba = bytearray([0, 1, 2])
print(a)
print(ba)
```

```
[0, 1, 2]
bytearray(b'\x00\x01\x02')
```

4.9.1　バイト配列⇔文字列変換

'abc' という並びをバイト配列と文字列で表現したときのメモリ占有率を調べると、バイト配列の方が少ないことがわかる。

実行結果

```
import sys
x=b'abc'
y='abc'
print(sys.getsizeof(x))
print(sys.getsizeof(y))
```

```
36
52
```

文字列データをバイトデータに圧縮し、ファイルに書き込み、読み込んだバイトデータをデコードして文字列に戻す。

実行結果

```
data = 'hello!'
wdata = data.encode()
with open('sample.dat', 'bw') as f:
    f.write(wdata)

with open('sample.dat', 'br') as f:
    rdata = f.read()
    text = rdata.decode()
    print(text)
```

```
hello!
```

■ 4.10　Decimal型

Decimal型は、10進数（decimal）の実数を正確に表す型である。Decimalは標準の組み込み型ではなくライブラリをインポートして使う。組み込みのfloat型は誤差を伴うが、Decimal型は実数データを正確に表すことができる。Decimalに渡す値は文字列にすべきである。実数定数を渡せば、その時点で誤差が出るので、Decimalを使う意味がない。Decimal型は金融計算など人間が扱うデー

タ処理に適していて、float型は科学技術計算に適している。

float型では「0.1」を10回足しても「1.0」にはならないが、Decimal型では「1.0」になる。

実行結果
```
1.0
```

```python
from decimal import Decimal

s = Decimal('0')
d = Decimal('0.1')
for i in range(10):
    s += d
print(s)
```

[5] クラス

クラスはデータとそれを操作する関数（メソッド）を一体化したもので、オブジェクト指向言語の中核をなす概念である。Pythonのクラスは、C++とModula-3のクラスメカニズムを混ぜたものであるとマニュアルに記載されている。

■ 5.1　クラスの定義

クラスはclassを用いて定義する。名前（name）、年齢（age）をデータとし、そのデータを表示するdispメソッドからなるクラスPersonを定義すると、以下のようになる。

実行結果
```
name=taro,age=18
```

```python
class Person:
    def __init__(self, name, age):
        self.name = name
        self.age = age

    def disp(self):
        print(f'name={ self.name:s}, age={self.age:d}')

a = Person('taro', 18)
a.disp()
```

5.1.1　コンストラクタ

「def __init__」という特別なメソッド（コンストラクトと呼ぶ）でデータを初期化する。第1引数は必ず「self」とする。コンストラクタに限らずクラス内で定義するメソッドの第1引数は「self」を指定する。「self」の役割はそのメソッドを呼び出すオブジェクト自身を引数として取得することである。「self」は予約語ではなく、引数に「self」以外の名前を使ってもよいが、慣例で「self」を使う。コンストラクタやメソッドを呼び出すときに実引数には、この「self」に相当する引数は指定しない。

以下のようにして、引数がコンストラクタに渡されてPersonクラスのオブジェクトaが生成される。

```
a = Person('taro', 18)
```

5.1.2 メソッド

　クラス内で定義された関数を特にメソッドと呼ぶ。メソッドは「オブジェクト.メソッド」の形式で呼び出す。

```
a = Person('taro', 18)
a.disp()
```

5.1.3 属性（メンバ変数）

　「self.」で示す変数を属性といい、クラス内のどのメソッドからも使用できる。属性とは、そのオブジェクト内で共通に使用できる、オブジェクト内の変数（メンバ変数）と考えることができる。「self.name = name」という代入文における「self.name」は属性、「name」はメソッドの引数なので混同しないようにすること。もちろん、属性に付ける名前と引数の名前は異なってもよいが、色々な名前が混在しないように同じ名前にしておく方が無難である。
　以下のようにも外部から直接属性を操作することもできる。

```
a = Person('taro', 18)
print(a.name)
```

> **参考** | Pythonのクラスは外部から属性を参照できる
>
> 　C++やJavaなどの本格的なオブジェクト指向言語では、外部から直接属性を参照することを禁じている（カプセル化）。このカプセル化は、オブジェクト指向言語の基本概念である。しかし、こうした頑強な考え方はプログラミングしにくいという欠点がある。Pythonでは、こうした制限を緩くしている。

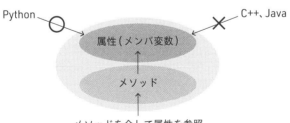

■ 5.2 名前空間（namespace）

　たとえば「カール」という言葉は、「明治のスナック菓子」と「氷河の浸食によってできた地形」のように同じ言葉でも意味が異なる。これは、「菓子」と「地形」というカテゴリの違いの中で使い分けている。人間は文脈の中で「カール」がどちらのものを指すのか判断する。プログラムでは文脈判断が難しいので、「菓子.カール」、「地形.カール」のように区別する。この「菓子」や「地形」

付録 Python文法

が名前空間である。スコープはそれぞれの名前空間の中で、ローカルがグローバルかということで、スコープと名前空間は異なる概念である。

Pythonにおける名前空間は、関数（メソッド）、クラス、モジュールで分けられる。

以下の例では、クラスA、クラスB、メインモジュールはそれぞれ異なる名前空間にあるので、同じnameという変数を付けてもこれらは別物である。異なる名前空間の名前を参照するには、「名前空間.属性」となる。クラスに限定するなら「クラス名.属性」となる。

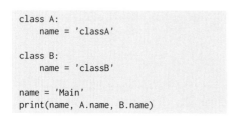

```
class A:
    name = 'classA'

class B:
    name = 'classB'

name = 'Main'
print(name, A.name, B.name)
```

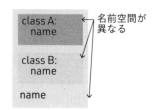

名前空間が異なる

このことは、インポートしたモジュールにも言える。モジュールA、モジュールB、メインモジュールは異なる名前空間にある。

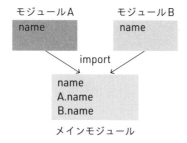

モジュールA

name

モジュールB

name

import

name
A.name
B.name

メインモジュール

5.3 オブジェクトとインスタンス

Pythonでは整数型、実数型などの基本型も含めてすべてのデータをオブジェクトと呼んでいるが、本書では、クラスから生成されたものを狭い意味でオブジェクトと呼んでいる。

クラスはオブジェクトを生成する金型のようなものと考えられる。金型から実際に生成された実体をオブジェクトと呼ぶ。オブジェクトを作ることをインスタンス化という。インスタンス変数やインスタンスメソッドなどと使う。インスタンス（instance）は、「実例」の意。「インスタンスの生成」と「オブジェクトの生成」は同じ意味であり、「インスタンス」と「オブジェクト」も同じ意味と考えてよい。

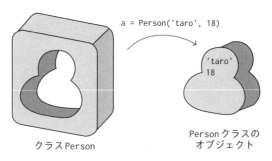

a = Person('taro', 18)

'taro'
18

クラス Person

Person クラスの
オブジェクト

■ 5.4 クラス変数とインスタンス変数

クラス内で使用する変数は、クラス変数とインスタンス変数に分かれる。

5.4.1 クラス変数

クラス変数はメソッド外で定義した変数で、すべてのインスタンス間で共通した値を持つ。インスタンスを生成しなくても、直接参照することができるし、インスタンスを介して参照することもできる。

5.4.2 インスタンス変数

インスタンス変数はコンストラクタ内で定義した変数で、インスタンスごとに独立している。インスタンスを介してのみ参照できる。

種類	インスタンス変数	クラス変数
定義場所	コンストラクタ内	メソッドの外
定義方法	self.変数名 = 値	変数名 = 値
クラス外からの参照	インスタンス名.変数名	インスタンス名.変数名 クラス名.変数名
クラス内での参照	self.変数名	self.変数名 クラス名.変数名
特徴	インスタンスごとに独立	インスタンス間で共有

以下の例では、titleがクラス変数、nameとageがインスタンス変数である。たとえば、以下のようにインスタンスを生成した場合、

```
a = Person('taro', 18)
```

「a.name」、「a.age」、「a.title」でそれぞれ参照できる。ただし、titleはインスタンスを生成しなくても「Person.title」で参照できる。

実行結果

```
taro 18 Person
jiro 21 Person
taro 18 Person
jiro 21 Person
```

```python
class Person:
    title = 'Person'  # クラス変数
    def __init__(self, name, age):
        self.name = name  # インスタンス変数
        self.age = age
    def disp(self):
        print(self.name, self.age, self.title)

a = Person('taro', 18)
b = Person('jiro', 21)
# 直接参照
print(a.name, a.age, a.title)
print(b.name, b.age, b.title)
# メソッドを介して参照
a.disp()
b.disp()
```

■ 5.5 インスタンスメソッドとクラスメソッド （静的メソッド）

5.5.1 インスタンスメソッド

オブジェクト（インスタンス）を生成し、そのオブジェクトに対して適用するメソッドをインスタンスメソッドと呼ぶ。文字列オブジェクトやリストに関連するメソッドがこの種類に属する。

```
t1 = 'apple'
t2 = 'orange'
t1.count('a')
t2.count('a')
```

t1オブジェクト　　t2オブジェクト

countメソッド　　countメソッド

5.5.2 クラスメソッド（静的メソッド）

オブジェクト（インスタンス）を生成せずに、そのクラスに直接適用するメソッドをクラスメソッド（静的メソッド）と呼ぶ。mathクラスやrandomクラスのメソッドがこの種類に属する。メソッドの呼び出しはクラス名を使って「math.」や「random.」となる。「math.」の「math」は、mathという名の唯一の静的オブジェクトと考えることもできる。

```
math.sin(0)
```

mathクラス

sinメソッド

> 注 mathクラスのメソッドは位置づけはメソッドであるが、sin、cosなどの数学関数のメソッドなので、本書では例外的に関数と呼んでいる。

静的メソッドを作るには、@staticmethodデコレータをメソッド定義の前に置く。静的メソッドの第1引数には「self」を指定しない。

> 注 @staticmethodで明示しなくても、第1引数にselfがないメソッドは静的メソッドとして扱われる。

```
class Person:
    @staticmethod      # 静的メソッドの定義
    def sort(person):


Person.sort(person)   # 静的メソッドの呼び出し
```

■ 5.6 継承

クラスを継承するには()内に親クラスを指定する。親クラスのメソッドを呼び出すには「super().」を用いる。以下は、親クラスPersonを継承したGirlクラスである。Girlクラスは電話番号の属性が追加されている。

```
class Person:  # 親クラス
    def __init__(self, name, age):
        self.name = name
```

```
        self.age = age
    def disp(self):
        print(self.name,self.age)

class Girl(Person):  # Personを継承したクラス
    def __init__(self, name, age, tel):
        super().__init__(name, age)
        self.tel = tel
    def disp(self):
        super().disp()
        print(self.tel)

girl = [Girl('あやか', 19, '09011111111'), Girl('ひまり', 21, '090222222')]

for g in girl:
    g.disp()
```

実行結果

```
あやか 19
0901111111
ひまり 21
090222222
```

5.6.1 継承の例

n個からr個を取り出す組み合わせは、以下で計算できる。この計算を行うのに階乗を扱うFactorialクラスとそれを継承し、組み合わせを扱うCombinationクラスを作る。

$nCr=n!/(~r!*(~n-r)!)$

階乗を扱うFactorialクラスは以下のようになる。クラス内のメソッドを呼び出す場合は、「self.」を付ける。

```
class Factorial:
    def factorial(self,n):
        if n==0:
            return 1
        else:
            return n * self.factorial(n - 1)
x = Factorial()
print(x.factorial(3))
```

Factorialクラスを継承したCombinationクラスは以下のようになる。

```
class Combination(Factorial):
    def combination(self, n, r):
        return (super().factorial(n)
                // (super().factorial(r) * super().factorial(n - r)))
```

```
x = Combination()
print(x.combination(5, 2))
```

5.6.2　多重継承

　複数のクラスを継承する多重継承もできる。以下は、HardクラスとSoftクラスを多重継承した
Computer クラスである。

```
class Hard:
    name = 'Intel'

class Soft:
    name = 'Windows'

class Computer(Hard, Soft):
    name = 'DELL'
    hard = Hard().name
    soft = Soft().name

pc = Computer()
print(pc.name, pc.hard, pc.soft)
```

■ 5.7　Pythonのクラス階層

　Pythonのクラスは、objectを親クラスとして以下のような階層のクラスで構成されている。

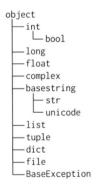
```
object
├─int
│  └─bool
├─long
├─float
├─complex
├─basestring
│  ├─str
│  └─unicode
├─list
├─tuple
├─dict
├─file
└─BaseException
```

[6] 文

コンピュータに対する処理の指示を与える命令を、命令文（ステートメント）あるいは単に文と呼ぶ。文は予約語、演算子、識別子などを組み合わせて作る。

■ 6.1 文の種類

文を分類すると次ページのようになる。

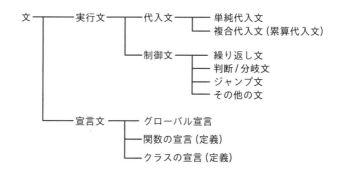

注 複合代入文（累算代入文）の英語表記はaugmented assignment statement。augmentedは「増強された」の意。

■ 6.2 代入文

代入文は単純代入文と複合代入文（累算代入文）に分かれる。「=」演算子を使った、「s = 0」を単純代入文と呼ぶ。これに対し「+=」などの演算子を使った「s += 1」を複合代入文と呼ぶ。

変数の初期化を行う場合、タプルを使って以下のように書ける。

```
a, b, c = 1, 2, 3
```

同じ値で初期化するには、

```
a = b = c = 0
```

でもよい。これをchained assignment（連鎖代入）という。

連鎖代入では左から行われるので、以下の例では先に「a[i] = i」が行われる。この時点では「i=0」は行われておらず、iの値は確定されていないので、iは未定義エラーということになる。こうしたまぎらわしい表現は避けるべきである。

```
a[i] = i = 0
```

■ 6.3 制御文（流れ制御文）

以下は、主な制御文である。この他にassert文、exec文、async文、await文などがあるが、本書では省略した。

種類	命令	機能
繰り返し	for in	所定回繰り返し
	while	不定回繰り返し
判新／分岐	if else	2方向分岐
	elif	多方向分岐
	match case	多方向分岐（Ver3.10以降）
ジャンプ	break	ループ脱出
	continue	ループ継続
	return	関数から戻る
その他	global	グローバル宣言
	pass	空文
	del	オブジェクトの削除
	with	オブジェクト管理
	import	ライブラリのインポート
	try	例外処理

6.3.1 for in文

6.3.1.1 range関数を使った繰り返し

for文はrange関数を使って以下のようになる。

```
for 変数 in range(繰り返し範囲):
    繰り返すブロック
```

- for i in range(10):   ⇒ iは0〜9まで繰り返す
- for i in range(1, 10):   ⇒ iは1〜9まで繰り返す
- for i in range(1, 10, 2):   ⇒ iは1、3、5、7、9と繰り返す
- for i in range(5, 0, -1):   ⇒ iは5、4、3、2、1と繰り返す
- for i in range(1, N + 1):   ⇒ iは1〜Nまで繰り返す

6.3.1.2 リストの要素の取り出し

for in文の別な主要な目的は、オブジェクトの要素を取り出すことである。リストの要素を先頭から最後まで逐次取り出すには、次のようにする。

```
fruit = ['apple', 'orange', 'banana']
for f in fruit:
    print(f)
```

C言語のように要素番号で反復するには、以下のようにする。

```
fruit = ['apple', 'orange', 'banana']
for i in range(len(fruit)):
    print(i, fruit[i])
```

これは、enumurate関数を使うと以下のようになる。

```
fruit = ['apple', 'orange', 'banana']
for i, f in enumerate(fruit):
    print(i, f)
```

また、

```
name = ['Alice', 'Bob', 'Lisa']
age = [18, 21, 19]
```

という2つのリストを取り出す場合は、

```
for i in range(len(name)):
    print(name[i], age[i])
```

とするか、zip関数により2つのリストをまとめてから取り出す。

```
for n, a in zip(name, age):
    print(n, a)
```

6.3.1.3 else節

ループ文はelse節を持つことができる。for文またはwhile文でbreakで抜けずに、正常に終了したときに実行される処理を置く。breakで抜けた場合はelse節は実行されない。本書の**2-4**において、flagを使ってbreakで抜けたかどうか判定する処理はこのelse節を使えばコンパクトに書ける。

```
girl = ['Ann', 'Lisa', 'Nancy', 'Amica']
key = 'Lisa'
for i in range(len(girl)):
    if key == girl[i]:
        print('見つかった')
        break
else:
    print('見つからない')
```

6.3.1.4 「_」変数

```
for i in range(10):
    print('Python!')
```

のように繰り返しブロックでループ変数「i」を使わない場合は、Pythonでは「_」変数を使って、

```
for _ in range(10):
    print('Python!')
```

と書く慣例がある。

6.3.2 while文

while文は繰り返し回数が予め定まらない繰り返しである。条件式を満たしている間繰り返す。

```
while 条件式:
    繰り返すブロック
```

6.3.3 if文

if文は次の3パターンがある。

①elseのないif
②if elseの2方向分岐
③elifを使った多方向分岐。elifは複数指定できる

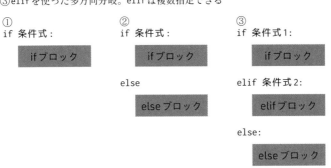

```
①
if 条件式:
    ifブロック
```

```
②
if 条件式:
    ifブロック
else
    elseブロック
```

```
③
if 条件式1:
    ifブロック
elif 条件式2:
    elifブロック
else:
    elseブロック
```

6.3.4 match case文

C系言語のswitch case文に相当する。Python 3.10以降のサポート。

```
n = 1
match n:
    case 1:
        print('One')
    case 2:
        print('Two')
    case 3:
        print('Three')
    case _:              # いずれも満たさない
        print('Other')
```

6.3.5 break文

ループの中からループ外に脱出する。

6.3.6 continue文

ループの中からループの先頭に戻る。

6.3.7 return文

return文は関数の呼び出し元に「式」の値を持って戻る。

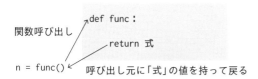

6.3.8 global文

グローバル域（関数外）で定義された変数は、プログラムの全てに渡ってグローバルである。しかし、関数の中でそのグローバル変数に代入を行うと、それはグローバル変数とは異なり、その関数の中だけで使えローカル変数になる。関数の中でグローバル変数として使用し、その内容を変更したい場合に「global宣言」をする。

```
def func():
    global sp

    sp += 1

sp = 0  # グローバル変数
```

6.3.9 nonlocal文

global文は、一番外側の変数を参照する。nonlocal文は、入れ子の関数において、関数のひとつ外側の変数を参照する。

```
def counter():
    count = 0
    def up():
        nonlocal count
        count += 1
        return count
    return up

c = counter()
print(c())
print(c())
```

実行結果
```
1
2
```

6.3.10 pass文

Pythonでは空の実行文ブロックは許されない。何もしない場合はpass文を置く。

```
if a>0:
    print('plus')
elif a==0:
    pass
else:
    print('minus')
```

6.3.11 del文

del文は、オブジェクトの削除をを行う。

```
word = ['apple','orange','banana']
```

に対し、

```
del word[1]
```

は 'orange' を削除し、

```
del word[1:]
```

は 'orange' 以後を削除する。

辞書に対し、以下は 'orange' を削除する。部分範囲は指定できない。

```
word = {'apple': 'りんご', 'orange': 'みかん', 'banana': 'バナナ'}
del word['orange']
```

6.3.11.1 ガベージコレクション

不要になったオブジェクトは、特別な処理をしなくてもガベージコレクション機能によって自動的に削除される。ガーベジコレクションの直訳は「ゴミ集め」である。ガベージコレクション機能のタイミングによらず、del文は明示的にオブジェクトを削除する。

Pythonのオブジェクトはメモリを消費するので（**4.1.4　整数型と実数型のメモリ上のサイズを**参照）、いらなくなったオブジェクトの削除はパフォーマンス向上のために重要な処理である。そこで、それぞれのオブジェクトで要素を追加／削除するためのメソッドが用意されているが、削除についてはdel文という格上の処理で統一的にできるようにしている。

6.3.12　with文

一般にファイル処理は以下の手順で行う。

①ファイルを開く
②読み書きをする
③ファイルを閉じる

with文を使うと、「③ファイルを閉じる」処理のfw.close()を置かなくても自動で実行される。

```
with open('myfile.txt', 'w') as fw:
    fw.write('apple¥n')
    fw.write('orange¥n')

with open('myfile.txt') as fr:
    txt = fr.read()
print(txt)
```

6.3.13　import文

import文は、**6.3.13.1～6.3.13.3**の3種類の使い方がある。インポートについては、**9.2　モジュール、パッケージ、ライブラリ**を参照。

6.3.13.1　標準的な使い方

関数の呼び出しにはクラス名を付ける。以下の場合は「math.」。

```
import math
math.sin(0)
```

6.3.13.2　as指定

asで指定した名前をクラス名として使用できる。クラス名を短い名前にして使うことで、タイピング量を減らすことができる。

```
import math as mt
mt.sin(0)
```

6.3.13.3　from指定

関数呼び出しにクラス名なしで使用できる。簡便であるが、複数のライブラリをインポートした場合に名前の衝突が発生する危険がある。

```
from math import *
cos(0)
```

6.3.14 try文

　例外（実行時エラー）をキャッチして処理するにはtry〜except文を使う。exceptにはエラーの種別（ValueError、TypeError、ZeroDivisionError）を指定する。exceptは複数あってもよい。finally節には、例外処理の「後始末」の対処を指定する。else節には例外が発生しなかった場合の処理を置く。

　indexメソッドは、指定した文字列が見つからなければ実行時エラーを起こし、「ValueError」を返す。そこで次のようにtryブロックに実行文を置き、エラー処理をexceptブロックに記述する。

```
word = 'this is a pen'
try:
    n = word.index('ppen')
    print(n)
except ValueError:
    print('見つからない')
```

6.3.15 yield文

　yield文は ジェネレータ関数を定義するときに使われる。したがって、関数定義の本体でのみ使える。ジェネレータは、要素が要求される場面でその都度データを産出する（yieldする）ので、メモリを多く消費しないという利点がある。関数定義内でyield文を使用することで、その定義は通常の関数でなくジェネレータ関数になる。

実行結果

```
def gen_season():
    SEASON = '春夏秋冬'
    for s in SEASON:
        yield s

s = gen_season()
print(s)
print(list(s))
```

```
<generator object gen_season at 0x7f79f4660510>
['春', '夏', '秋', '冬']
```

6.3.16 強制終了（exit関数）

　関数から抜けて戻るには通常return文を使うが、再帰関数などのネストした呼び出しでは、一気に戻れないので組み込み関数のexit関数を使って一気に抜ける。

```
def visit(i):

    visit(j)  # 再帰呼び出し

    if 強制脱出:
        exit()
```

　ただし、メインルーチンでプログラムを強制終了したい場合は、組み込み関数のexitではできない（終了しない）ので、sysクラスのexitメソッドを使う。breakでループを抜ければ「print('fin')」は実行されるが、sys.exit()で強制終了すれば実行されない。

```
import sys

while True:

    if 強制終了:
        sys.exit()
print('fin')
```

6.3.17 コメント

コメントは文ではない。コメントは構文上無視される（インタープリタが無視する）。
コメントは「#」で始まり、同じ物理行の末端で終わる。「#」の後ろに1つの空白を置く。

6.3.17.1 ブロックコメント

ブロックコメントは、行先頭からのコメント。

```
# program1
```

6.3.17.2 インラインコメント

インラインコメントは、行の途中からのコメント。文と#の間は2つ以上の空白を入れる。

```
sp = 0  # スタックポインタ
```

6.3.17.3 複数行コメント

複数行をまとめてコメントにするには''' で囲む。

```
'''
program1
ver 1.1
'''
```

付録
Python文法

[7] 関数とメソッド

■ 7.1 関数とメソッドの違い

関数もメソッドもdefで定義するところは同じであるが、定義する場所と呼び出し方法が異なる。

種類	関数	メソッド
定義方法	def	def
定義する場所	グローバル域	クラス内
第1引数	任意	必ずself
呼び出し方法	関数名()	オブジェクト名.メソッド名()

プログラムのグローバル域で定義したものが関数、クラスの中で定義したものがメソッドである。

関数は「関数名()」のように単独で呼び出せるのに対し、メソッドは「オブジェクト.メソッド名()」のように呼び出す。

メソッドの定義側の第1仮引数は、必ず「self」とし、メソッド呼び出し時は仮引数「self」に対応する実引数は指定しない。自動的に、メソッドを呼び出しているオブジェクトが「self」に渡される。

例として言えば、printやlenは関数（組み込み関数）で、randomクラスのrandomはメソッドである。

■ 7.2 定義と呼び出し

7.2.1 関数の定義と呼び出し

関数の定義と呼び出しは以下になる。

```
def myabs(x):  # 関数の定義
    ...
n = myabs(-10)  # 関数の呼び出し
```

7.2.2 メソッドの定義と呼び出し

メソッドの定義と呼び出しは以下になる。

```
class Person:
    ...
    def disp(self):  # メソッドの定義
        ...

a = Person('taro', 18)  # オブジェクトの生成
a.disp()  # メソッドの呼び出し
```

7.2.3 前方参照

関数の定義前に関数を呼び出すことを前方参照といい、未定義エラーとなる。

```
func()  # 関数呼び出し。前方参照

def func():  # 関数定義
```

■ 7.3 変数のスコープと寿命

スコープ（通用範囲、有効範囲）は、その変数が使用できる（有効な）範囲を示す。寿命は、その変数が生成され消滅するまでの期間を示す。

7.3.1 ローカルスコープとグローバルスコープ

プログラムは本体と関数（メソッド）で構成される。変数はどこで定義されたかによりスコープが決まる。プログラム本体（関数外：トップレベルもしくはモジュールレベルと呼ばれる）で定義された変数は、本体とすべての関数で使用できるグローバルスコープを持つ。これをグローバル変

数という。関数の中で定義された変数は、その関数でしか使えないローカルスコープを持つ。これをローカル変数という。

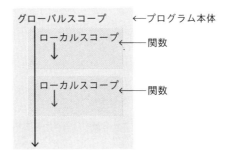

グローバルスコープ　　　←プログラム本体

ローカルスコープ　　——関数
↓

ローカルスコープ　　——関数
↓

7.3.2　global宣言

Pythonのグローバル変数は関数内で値を代入するとローカル変数になってしまうので、関数の中で値を代入したいグローバル変数は「global」宣言をする。

実行結果

```
1
2
```

```python
def func():
    global sp
    sp += 1
    print(sp)

sp = 0
func()
func()
```

リストの場合は少し動作が異なる。リストの個々の要素への代入はリストの再定義ではないので、代入を行ってもグローバル変数である。同じ名前のリストを「a = [1]」のように再定義すると、aはローカル変数となる。

実行結果

```
[1, 1, 2]
```

```python
def func():
    a[0] = 1    # mainのaを参照している

a = [0,1,2]
func()
print(a)
```

実行結果

```
[0, 1, 2]
```

```python
def func():
    a = [1]    # aはローカル変数
```

```
a = [0,1,2]
func()
print(a)
```

　以下の例は、リストを引数で渡した場合である。関数内での「x[0] = 1」はプログラム本体のaへの参照となる。「x = [10,20,30]」の再定義でxはローカル変数となる。

実行結果
```
[1, 1, 2]
[10, 20, 30]
[1, 1, 2]
```

```
def func(x):
    x[0] = 1          # mainのaを参照している
    print(x)
    x = [10,20,30]   # xはローカル変数として再定義され↵
プログラム本体のaとは無関係となる
    print(x)

a = [0,1,2]
func(a)
print(a)
```

7.3.3　名前の衝突

　関数外で定義されたnと関数内で定義されたnは別物で、このように同じ名前を使用すると、関数内からグローバル変数を参照できなくなる。このような名前の衝突は避けるべきである。

```
n = 1  # グローバル変数
def func():
    n = 1  # ローカル変数
```

　名前の衝突は、組み込み関数を変数名で定義したときにも発生する。**2　予約語と識別子**を参照。また、「from math import *」のようにモジュールをインポートしたときにも発生する。**6.3.13 import文**を参照。

7.3.4　寿命

　グローバル変数はプログラムの開始で生成され、プログラムの終了で消滅する。つまり、プログラムの実行中は値を保持している。ローカル変数は関数の呼び出しで生成され、関数から戻るときに消滅する。つまり値を保持できない。
　C系言語では「static int sp=0」のような静的変数を宣言できた。C系言語の静的変数は関数に固有のローカルスコープであるが、関数の終わりで消滅せずに値を保持する。Pythonには「static」指定はないので、C系言語の静的変数はグローバル変数またはクラス変数で代用するしかない。

■ 7.4　オブジェクト参照の値渡しと参照渡し

　関数にデータを渡すときに、「値渡し」と「参照渡し」の2つの方法がある。

7.4.1　オブジェクト参照の値渡し（call by value）

　数値、文字列、タプルは値渡しで行われる。これらはイミュータブル（変更不可）なオブジェク

トとも呼ばれる。値渡しでは関数側で引数の内容を変更しても、呼び出し側の実引数には影響はない。

実行結果

```
0
```

```python
def func(a):
    a = 10

a = 0
func(a)
print(a)
```

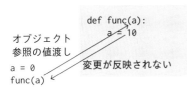

オブジェクト
参照の値渡し

```
def func(a):
    a = 10
```

```
a = 0
func(a)
```
変更が反映されない

Pythonには値渡しという概念はなく、すべてオブジェクトへの参照が渡される。イミュータブルなオブジェクトの引数渡しがC系言語の値渡しと同様な作用なので、オブジェクト参照の値渡しという表現を用いている。

7.4.2 参照渡し（call by reference）

リスト、辞書、集合のデータは参照渡しで行われる。これらはミュータブル（変更可能）なオブジェクトとも呼ばれる。参照渡しでは関数側で引数の内容を変更すると、呼び出し側の実引数も変化する。

実行結果

```
[0, 10, 2]
```

```python
def func(a):
    a[1] = 10

a = [0, 1, 2]
func(a)
print(a)
```

引数aには呼び出し元のリストaを参照するための情報（アドレス値や個数など）が渡される。[0, 1, 2] というリストの中身（値）が渡されるのではない。

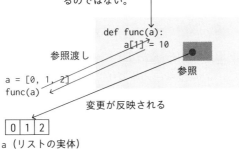

```
def func(a):
    a[1] = 10
```

参照渡し

参照

```
a = [0, 1, 2]
func(a)
```

変更が反映される

| 0 | 1 | 2 |

a（リストの実体）

■ 7.5 引数の初期値とキーワード引数

実引数が省略されたときのために、仮引数側で初期値（デフォルト値）を指定できる。実引数に仮引数の名前を指定することができる（キーワード引数）。キーワード引数は仮引数の順序と異なっても良い。

実行結果

```
def disp(name='Unknown', gender='male'):
    print(name, gender)

disp('太郎')
disp('花子', 'female')
disp(gender='female', name='次郎')
```

```
太郎 male
花子 female
次郎 female
```

■ 7.6 可変長引数

仮引数に「*」を付けると、可変長の実引数を受け取ることができる。

実行結果

```
def factorial(*numbers):
    s = 1
    for n in numbers:
        s *= n
    return s

print(factorial(1))
print(factorial(4, 3, 2, 1))
```

```
1
24
```

■ 7.7 可変長辞書引数

仮引数に「**」を付けると、可変長辞書の実引数を受け取ることができる。

実行結果

```
def disp(**kwargs):
    print(kwargs)

disp(apple='林檎')
disp(apple='林檎', orange='みかん')
```

```
{'apple': '林檎'}
{'apple': '林檎', 'orange': 'みかん'}
```

■ 7.8 lambda式（無名関数）

lambda式は無名関数オブジェクトを作る。lambda式は、

```
lambda 仮引数1,仮引数2,…：仮引数を含む式
```

と書き、lambda式で作成された関数オブジェクトを関数呼び出ししたときの実引数を仮引数で受け取り、仮引数を含む式の結果を関数戻り値とする。以下は、a、bの引数を受けて、「a + b」を計算

する無名関数のオブジェクトをtasuとして生成する。この関数オブジェクトはtasu(1, 2)のように呼び出す。ただし、tasuの例はdef関数として定義すべきものである。

実行結果

```
tasu = lambda a, b: a + b

print(tasu(1, 2))
print(tasu(10, 20))
```

```
3
30
```

Pythonが提供しているメソッドの中にはlambda式を引数に指定するものがある。以下は0番目の要素（名前データ）をキーにしてソートを行う。

```
data = [('Rola', 25), ('Bob', 30),('Alice', 22)]
sorted_data = sorted(data, key=lambda x: x[0])
```

■ 7.9 内部関数（関数内関数）

関数内に関数を定義することができる。外側の関数をエンクロージャ（enclosure）、内側の関数をクロージャ（closure）という。クロージャーは、外側の関数内で宣言された変数や受け取った引数を記憶した内側の関数という役割である。

例として、通常の関数では実現できないカウンター関数を作る。外側の関数counterはカウントの初期値を受け取る。内部関数countupは外部関数の変数xの値を「+1」する。外部関数の戻り値は内部関数オブジェクトとする。

関数呼び出しは、まず「inobj = counter()」により、内部関数オブジェクトを取得し、「inobj()」で内部関数を呼び出す。

```
def counter():
    x = 0
    def countup():
        nonlocal x   # 外側のxと同じ変数であると宣言
        x += 1
        return x
    return countup   # 内部関数オブジェクトを返す

inobj = counter()    # 内部関数オブジェクトの取得
print(inobj())
print(inobj())
```

counterに初期値を引数で渡すには、以下のように定義する

```
def counter(n):
    x = n
```

この関数オブジェクトは以下のように生成する。

```
inobj = counter(100)
```

この仕組みは外部関数がクラス、内部関数がメソッドという関係に似ている。クラスを使って書

付録

Python文法

くと以下のようになる。

```
class Counter:
    x = 0
    def __init__(self, n):
        self.x = n
    def countup(self):
        self.x += 1
        return self.x

cobj = Counter(100)
print(cobj.countup())
print(cobj.countup())
```

■ 7.10　デコレータ

　デコレータは、関数やクラスを修飾するための機能である。デコレータは関数やクラスの前に@を使って指定し、その下に修飾する対象の関数やクラスを定義する。デコレータは、既存の関数やクラスに機能を追加したり、変更したりするために使用される。デコレータは「関数を引数として受け取り、戻り値として関数を返す関数」と考えられる。

7.10.1　ユーザー定義のデコレータ

　以下は、ユーザ定義のデコレータdecoを定義し、disp関数にdecoを修飾したものである。

```
def deco(func):  # 引数に関数を受け取る
    def wrapper():  # 受け取った関数に処理を追加する関数
        print('>>>>>>>>>>>')  # 追加したい前処理
        func()        # 受け取った関数の実行
        print('<<<<<<<<<<<')  # 追加したい後処理
    return wrapper  # 戻り値は関数

@deco
def disp():
    print('Hello!')

disp()
```

実行結果

```
>>>>>>>>>>>
Hello!
<<<<<<<<<<<
```

　引数ありの関数をデコレートするには、wrapper関数を以下のように定義する。

```
    def wrapper(*args , **keywords):
        print('>>>>>>>>>>>')
        func(*args , **keywords)
        print('<<<<<<<<<<<')
```

7.10.2　Python標準デコレータ

Python標準デコレータとして以下がある。

- @classmethod　　クラスメソッドの定義
- @staticmethod　　静的メソッドの定義
- @property　　　　プロパティの定義

［ 8 ］　組み込み関数

print、input、format、len、int、floatなどの関数は、ライブラリをインポートせずに使用できる組み込み関数である。主な組み込み関数として以下がある。

種類	関数	機能
入出力	input	コンソール入力
	print	コンソール出力
計算	abs	絶対値
	eval	式の評価
	max	最大
	min	最小
計算	pow	べき乗
	round	丸め
	sum	合計
型	bin	2進文字列に変換
	chr	文字に変換
	float	浮動小数点に変換
	format	書式制御
	hex	16進文字列に変換
	int	整数に変換
	oct	8進文字列に変換
	ord	文字コードに変換
	str	文字列に変換
	type	型を調べる
シーケンス型	len	リスト、文字列の長さ
	list	リストに変換
	range	範囲指定

■ 8.1　コンソール入出力

print関数

print関数はコンソールへの出力を行う。複数のデータを表示するには、「,」で区切ってデータ

を指定するか、format関数またはf文字列を併用する。

実行結果

```
s = 100
print('合計=', s)
print('合計={:d}'.format(s))
print(f'合計={s:d}')
```

```
合計= 100
合計=100
合計=100
```

- **sepパラメータ**

  複数のデータを指定した場合、表示データは空白で区切られるが、sepパラメータを指定すると、区切り文字を指定できる。

実行結果

```
print('a', 'b', 'c')
print('a', 'b', 'c', sep=',')
```

```
a b c
a,b,c
```

- **endパラメータ**

  print関数はデフォルトで改行を行うが、endパラメータを使えば改行しないようにすることができる。

実行結果

```
for i in range(3):
    for j in range(10):
        print('*', end='')
    print()
```

```
**********
**********
**********
```

- **リスト、タプル、辞書の表示**

```
a = ['a', 'b', 'c']  # リスト
b = [[1, 2, 3],
     [4, 5, 6]]
(x, y) = (0, 0)      # タプル
fruit = {'apple': 'りんご', 'orange': 'みかん'}  # 辞書
print(a)
print(b)
print((x, y))
print(fruit)
```

実行結果

```
['a', 'b', 'c']
[[1, 2, 3], [4, 5, 6]]
(0, 0)
{'apple': 'りんご', 'orange': 'みかん'}
```

input関数

コンソール入力はinput関数で行う。

```
a = input('文字を入力してください')
print(a)
```

実行結果

```
···  文字を入力してください apple
```

```
□→  文字を入力してください apple
     apple
```

- **文字列⇒数値変換**

  input関数で得られるデータは文字列である。したがって、以下のように数値の計算をするつもりでも、文字列の「10」と文字列の「20」を「+」すると文字列の連結が行われて「1020」となる。

実行結果

```
a = input('aの値')
b = input('bの値')
print(a + b)
```

```
aの値10
bの値20
1020
```

数値として扱うには、intまたはfloatで数値化する。

実行結果

```
a = int(input('aの値'))
b = int(input('bの値'))
print(a + b)
```

```
aの値10
bの値20
30
```

8.2 計算

abs／pow関数

abs関数は絶対値、pow関数はべき乗を求める。pow(2,10)は2^{10}を求める。

実行結果

```
print(abs(-10.5))
print(pow(2, 10))
```

```
10.5
1024
```

eval関数

eval関数は文字列式の値を計算する。

実行結果

```
n = eval('10+2*5')
print(n)
```

```
20
```

max／min／sum関数

max関数、min関数、sum関数は、それぞれ最大、最小、合計を求める。

```
a = [10, 5, 20, 30]
print(max(a))
print(min(a))
print(sum(a))
```

```
30
5
65
```

リストデータだけでなく、2つの値の大きい方を求めることもできる。次のようなif文は、max関数を使えばかんたんにできる。

```
a, b= 10, 20
if a > b:
    c = a
else:
    c = b
```

```
a, b = 10, 20
c = max(a, b)
```

round関数

round関数は指定した小数点桁数になるように四捨五入する。

```
a = 2.455
print(round(a, 1))
print(round(a, 2))
```

```
2.5
2.46
```

■■ 8.3 型変換

bin／hex／oct関数

bin関数、hex関数、oct関数は、それぞれ2進、8進、16進表現文字列に変換する。

```
a = 60
print(bin(a))
print(oct(a))
print(hex(a))
```

```
0b111100
0o74
0x3c
```

chr／ord関数

chr関数は文字コードに対応する文字に変換する。ord関数は文字を文字コードに変換する。文字コードはUnicodeである。

実行結果

```
print(chr(97))
print(ord('a'))
print(ord('あ'))
```

```
a
97
12354
```

float／int関数

float関数やint関数は、数値文字列を数値に変換する場合や、整数型と実数型の間で型変換する場合に使う。

- n = int('123')
  nに整数値の「123」が得られる。

- n = int(3 / 2)
  3/2の結果の「1.5」を整数化（小数点以下切り捨て）した「1」が得られる。

- n = float(1)
  整数の「1」を実数化した「1.0」が得られる。

str関数

整数型と文字列型を「+」で連結するとエラーになる。str関数で数値文字列に変換してから結合する。

実行結果

2024年3月13日

```
y, m, d = 2024, 3, 13
msg = str(y) + '年' + str(m) + '月' + str(d) + '日'
print(msg)
```

format関数

組み込み関数のformatは、数値を2進（b）、8進（o）、16進（x）や指数（e）の文字列に変換する。文字列のメソッドformatとは異なる。

実行結果

1010

```
n = format(10,'b')    # 数値の10を2進数に変換
print(n)
```

type関数

type関数はデータの型を調べる。

```
print(type(1), type(1.0), type('a'), type(True))
```

実行結果

```
<class 'int'> <class 'float'> <class 'str'> <class 'bool'>
```

8.4 シーケンス型

len関数

len関数はリストや文字列の長さを調べる。

実行結果

```
a = [[1, 2, 3],
     [4, 5, 6]]
print(len(a))    # 2次元リストの行数
print(len(a[0])) # 2次元リストの列数
```

```
2
3
```

list関数

list関数は文字列や範囲の並びをリストデータにする。

実行結果

```
slist = list('apple')
print(slist)
rlist = list(range(2, 8, 2))
print(rlist)
```

```
['a', 'p', 'p', 'l', 'e']
[2, 4, 6]
```

range関数

range関数はrange型の範囲を作る。

- range(10)   ⇒ 0、1、2、3、4、5、6、7、8、9
- range(1,10)   ⇒ 1、2、3、4、5、6、7、8、9
- range(1,10,2) ⇒ 1、3、5、7、9
- range(5,0,-1) ⇒ 5、4、3、2、1

作成されるデータはrange型である。リストデータにするにはlist関数を使う。

実行結果

```
a = range(1, 10, 2)
b = list(a)
print(a)
print(b)
```

```
range(1, 10, 2)
[1, 3, 5, 7, 9]
```

[9] ライブラリ

本書で使用したライブラリを以下に示す。標準ライブラリと外部ライブラリに分かれる。

種類	ライブラリ名	機能
標準ライブラリ	datetime	日付
	math	数学関数
	random	乱数
	re	正規表現
	sys	システム情報
外部ライブラリ	ColabTurtle	タートルグラフィックス
	Matplotlib	グラフ描画
	NumPy	数値計算

■ 9.1 標準ライブラリと外部ライブラリ

インポートするライブラリは、大きくは math や random などの標準ライブラリと NumPy や Matplotlib などの外部ライブラリに分かれる。外部ライブラリはさらに、デフォルトでインストールされているものと、!pip コマンドでユーザがインストールしなければいけないものに分かれる。

第 8 章で使用する NumPy や Matplotlib はインストールせずに使える外部ライブラリである。タートルグラフィックスライブラリの ColabTurtle は、!pip コマンドでインストールしなければならない外部ライブラリである。

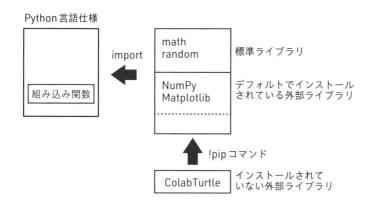

9.1.1 外部ライブラリのインストール

外部ライブラリをインストールするには、以下のように行う。

```
!pip3 install 外部ライブラリ名
```

　pip3はPython 3で新たに導入されたコマンドで、従来のpipと同様な機能である。Python 3では pipもpip3もどちらも使えるが、Python 3環境へのライブラリのインストールを明示的に行う場合はpip3を使う。

　インストールされている外部ライブラリ一覧は以下で調べることができる。

実行結果

```
!pip3 list
```

```
Package                                   Version
----------------------------------        --------------------
absl-py                                   1.4.0
aiohttp                                   3.9.1
aiosignal                                 1.3.1
alabaster                                 0.7.13
albumentations                            1.3.1
altair                                    4.2.2
anyio                                     3.7.1
...
```

9.2　モジュール、パッケージ、ライブラリ

　モジュールはPythonコードの基礎的な構成単位でファイルタイプ名を「.py」とする。関連あるモジュールを組織化してまとめたものがパッケージである。ファイルシステムに例えるならモジュールはファイルで、パッケージはフォルダ（ディレクトリ）となる。

　以下のようにして、現在作成中のモジュールからパッケージ全体または、パッケージ内の個々のモジュールをインポートして使うことができる。**6.3.13　import文**を参照。

①import モジュール名
②import パッケージ名
③import パッケージ名.モジュール名

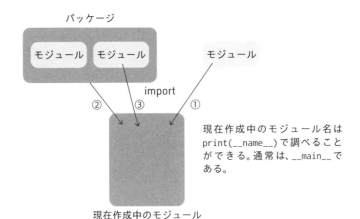

注　本書では、モジュールとパッケージを総称してライブラリと呼んでいる。

注　import文によるライブラリのインポートでは、ライブラリ本体が現在作成中のモジュールに取り込まれる（C言語の#include文のように）というわけではなく、ライブラリの名前空間を取り込み、現在作成中のモジュールで使用できるようにしている。

9.3 mathライブラリ

mathライブラリは数学関数のライブラリである。カテゴリではメソッドであるが、数学的には関数と呼んでいるので、本書ではmathライブラリのメソッドは関数と呼ぶことにする。

種類	関数	機能
指数・対数	exp	指数
	log	自然対数
	log10	常用対数
	sqrt	平方根
三角関数	cos	コサイン
	sin	サイン
	tan	タンジェント
単位変換	degrees	度に変換
	radians	ラジアンに変換
定数	e	自然対数の底
	pi	円周率

9.3.1 三角関数

mathライブラリの三角関数は角度の単位に「度」ではなく「ラジアン」を使う。$x°$をラジアンに変換するには「x * math.pi / 180」または「math.radians(x)」とする。

9.3.2 定数

mathライブラリで定義されている定数として自然対数の底 (math.e) と円周率 (math.pi) がある。

実行結果

```
2.718281828459045 3.141592653589793
```

```
import math
print(math.e, math.pi)
```

9.4 randomライブラリ

乱数に関するライブラリはrandomライブラリにある。

9.4.1 整数乱数と実数乱数

random.random()関数は、0.0から1.0未満の範囲のfloat型の乱数を返す。

```
import random
a = [random.random() for i in range(3)]
print(a)
```

実行結果

```
[0.16562974117282125, 0.5391712346898445, 0.33963898194572695]
```

random.randint(a,b) は、指定した範囲の整数の乱数を返す。

実行結果

```
import random
a = [random.randint(1, 6) for i in range(10)]
print(a)
```

```
[1, 2, 4, 2, 5, 2, 6, 1, 1, 6]
```

9.4.2　ランダム選択

random.choice(a) は、リストの中身をランダムに取得する。

実行結果

```
import random
girl = ['りほ', 'あゆみ', 'なぎさ', 'まゆ']
g1 = random.choice(girl)
print(g1)
```

```
まゆ
```

9.4.3　シャッフル

random.shuffle(a) は、リストの中身をシャッフルする。

実行結果

```
import random
girl = ['りほ', 'あゆみ', 'なぎさ', 'まゆ']
random.shuffle(girl)
print(girl)
```

```
['まゆ', 'りほ', 'なぎさ', 'あゆみ']
```

■ 9.5　datetime ライブラリ

日付は一般の言語と同様、UNIX時間を使用している。UNIX時間とは、1970年1月1日午前0時0分0秒（UNIXエポック）からの経過秒である。UNIX時間を日付フォーマットに変換するメソッドがいくつか用意されている。

9.5.1　現在日時の取得

以下のようにして、現在の日付や日時を取得できる。

実行結果

```
import datetime
print(datetime.date.today())
print(datetime.datetime.today())
```

```
2024-03-05
2024-03-05 10:53:31.867984
```

注　得られる日時はグリニッジ標準時なので、日本の日時は「+9時間」したものになる。

9.5.2　年月日時分秒の取得

以下のようにして、現在の年月日時分秒を取得できる。

実行結果

```
import datetime
now = datetime.datetime.today()
print(now.year)
print(now.month)
print(now.day)
print(now.hour)
print(now.minute)
print(now.second)
```

```
2024
03
5
10
54
7
```

9.5.3　曜日の取得

曜日を取得するには、weekday()を使う。0が月曜日であることに注意すること。0：月曜日、1：火曜日、2：水曜日、3：木曜日、4：金曜日、5：土曜日、6：日曜日となる。

実行結果

```
import datetime
now = datetime.date.today()
print(now)
print(now.weekday())
```

```
2024-03-05
1
```

■ 9.6　reライブラリ

正規表現（regular expression）とは、文字列をあるパターン化された記号（メタ文字）で表現する記述方法で、指定したパターンに当てはまる文字列を検索や置換するのに利用する。使用するには「import re」でreライブラリをインポートする。

正規表現によるマッチングを行う対象文字列はraw文字列（''の先頭に「r」を接頭）が推奨されている。raw文字列では、\（バックスラッシュ：日本語キーボードでは「¥」）をエスケープシーケンス文字としてでなく、「\」そのものとして扱う。通常の文字列では'\n'は改行コードを意味する。

正規表現のr'A\S*'はAに続く空白文字でない文字列とマッチする。'Amica Nancy Ann'に対しfindallメソッドで適用すればAmica、Annがマッチする。

マッチングで使用する主なメタ文字は以下である。

メタ文字	機能	使用例	一致するものの例
.	任意の1文字	a.c	abc、acc、aac
^	文字列の先頭	^abc	abcdef
$	文字列の末尾	abc$	defabc
*	0回以上の繰り返し	ab*	a、ab、abb、abbb
+	1回以上の繰り返し	ab+	ab、abb、abbb
?	0回または1回	ab?	a、ab
{m}	m回の繰り返し	a{3}	aaa
{m,n}	m〜n回の繰り返し	a{2,4}	aa、aaa、aaaa

[]	集合	[a-c]	a、b、c
|	和集合（または）	a|b	a、b
()	グループ化	(abc)+	abc、abcabc
\d	任意の数字	\d	0〜9
\w	任意の単語文字	\w	英字、数字、下線
\S	空白文字以外	A\S*	Ann、Amica

findallメソッド

findallメソッドは、正規表現にマッチするすべてを拾い出し、リストとして返す。

実行結果

```
['Amica', 'Ann']
```

```python
import re

content = 'Amica Nancy Ann'
pattern = r'A\S*'

result = re.findall(pattern, content)
print(result)
```

finditerメソッド

iterはiterator（イテレータ）の意味。finditerメソッドは、マッチしたデータとその位置と範囲を含めたイテレータオブジェクトを返す。group()によりマッチした文字列を、span()により位置と範囲を取得する。

実行結果

```
Amica
(0, 5)
Ann
(12, 15)
```

```python
import re

content = 'Amica Nancy Ann'
pattern = r'A\S*'

result = re.finditer(pattern, content)
for s in result:
    print(s.group())
    print(s.span())
```

subメソッド

subメソッドは、マッチした文字列を別の文字列に置き換える。以下は、'A\S*'でマッチした文字列を'A??'に置き換える。

実行結果

```python
import re
content = 'Amica Nancy Ann'
pattern = r'A\S*'
```

```
result = re.sub(pattern,'A??', content)
print(result)
```

■ 9.7 ColabTurtle ライブラリ

Colabでタートルグラフィックスを利用するには、ColabTutrleというライブラリを利用する。
ColabTurtleを使用するには以下のコードを置く。

```
!pip3 install ColabTurtle
from ColabTurtle.Turtle import *
```

9.7.1 初期化

- `initializeTurtle()`
  画面を初期化。画面サイズ：800 × 500（左上 0,0）、ペン（亀）位置：中央、ペン向き：上、ペンの速さ：4、ペンサイズ：4、ペン色：white、背景色：black。描画前に実行が必要。
  画面サイズとペンの速さは、初期化パラメータで以下のように設定できる。

  ```
  initializeTurtle(initial_window_size=(400, 400), initial_speed=13)
  ```

9.7.2 画面

- `bgcolor(colorstring)`
  画面の背景色を設定。'white'、'yellow'、'orange'、'red'、'green'、'blue'、'purple'、'grey'、'black'など。

- `clear()`
  画面のクリア。

9.7.3 移動

- `forward(units)`
  現在角の方向にunits移動。

- `backward(units)`
  現在角と逆方向にunits移動。

- `goto(x, y)`
  (x, y)位置に移動。

9.7.4 角度

- `right(degrees)`
  現在角を右（時計方向）にdegrees°回転。

- `left(degrees)`

現在角を左（反時計方向）にdegrees°回転。

- `face(degrees)`
  現在角をdegrees°に設定。0：右向き、90：下向き、180：左向き、-90：上向き。

注 ColabTurtleでは角度の向きを時計回りを「正」にしていることに注意する必要がある。

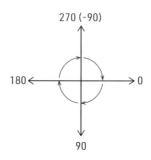

9.7.5　ペン

- `color(colorstring)`
  ペンの色を設定。`'white'`、`'yellow'`、`'orange'`、`'red'`、`'green'`、`'blue'`、`'purple'`、`'grey'`、`'black'`など。

- `width(w)`
  ペンの太さを設定。

- `penup()`
  ペンを上げる。

- `pendown()`
  ペンを下げる。

- `speed(s)`
  ペンの速さを設定。sは1～13の範囲。数字が大きいほど高速。

- `showturtle()`
  タートルを表示。

- `hideturtle()`
  タートルを非表示。

- `shape(sh)`
  ペン先の形状。`'turtle'`、`'circle'`。

9.7.6　座標取得

- `position()`
  ペンの現在位置のx,y座標を取得。

9.7.7　テキストの描画

- `write(obj, align=, font=)`
  現在位置にobjを表示。(x, y)位置にテキストを表示するには以下のようにする。

```
penup(); goto(x, y)
write('text', font=(20, 'Arial', 'normal'))
```

この他にも以下のメソッドがある。

`setx(x)`、`sety(y)`、`home()`、`getx()`、`gety()`、`heading()`、`isvisible()`、`distance(x、y)`、`window_width()`、`window_height()`

練習問題解答 ———————————————————————————————

練習問題 1-4-1
① `'    夏 '`
② `'   兵草 '`

練習問題 1-4-2
① `a`
② `b`
③ `a + b`

練習問題 1-5
① `(1 + 0.01) ** 5`

練習問題 1-6
① `2 * pai * r`
② `pai * r * r`

練習問題 1-7
① `p *= 2`

練習問題 1-8
① `name:s`
② `age:s`

練習問題 1-9
① `i:d`

練習問題 1-10-1
① `i * j:4d`

練習問題 1-10-2
① `i`

練習問題 1-11-1
① `score < 60`

練習問題 1-11-2
① `salary >= 600 and height >= 175`

練習問題 1-12
① `age < 18`
② `age < 60`

練習問題 1-13
① `range(1, 31)`

練習問題 1-14
① `w[i] / h[i] / h[i]`
② `judge:s`

練習問題 1-15
① `score[i][j]`
② `s`

練習問題 1-16
① `'あ ' <= g[0] and g[0] <= 'お '`

練習問題 1-17
① `math.cos(math. radians(x))`

練習問題 1-18
① `return a`
② `return b`

練習問題 1-20-1
① `person`
② `p.disp()`

練習問題 1-20-2
① `p.name`
② `p.age`

第 2 章

練習問題 2-5-1
① `a ^ b`
② `a & b`

練習問題 2-5-2
① `x[i]`
② `y[i]`

練習問題 2-6-1
① `:len(fruit) - i`

練習問題 2-6-2
① `ord('a')`
② `alpha`

練習問題 2-6-3
① `key, p`
② `p == -1`

練習問題 2-6-4
① `sdata[0]`
② `int(sdata[1])`

練習問題 2-7-1
① girl.append(g)

練習問題 2-7-2
① insert(i, ins)
② append(ins)

練習問題 2-7-3
① key in girl

練習問題 2-7-4
① girl.append(g)
② girl.sort()

練習問題 2-7-5
① list(text)
② ''.join(ls)

練習問題 2-8-1
① p.age < 18

練習問題 2-8-2
① chr(ord(key) + ord('か') - ord('あ'))
② True
③ False

練習問題 2-8-3
① a[j].yomi > a[j + 1].yomi
② persons

練習問題 2-8-4
① person
② Person.sort(person)

練習問題 2-9-1
① word.get(m)
② jpn != None

練習問題 2-9-2
① word[m] = jpn

練習問題 2-10
① fw.write
② fr.read()

練習問題 2-11-1
① random.choice(when)
② random.choice(where)

練習問題 2-11-2
① != '/'
② data.split(',')

第3章

練習問題 3-2
① 3
② 120

練習問題 3-4-1
① 90, 10, 50, 10, 90

練習問題 3-4-2
① x[i] < 0
② x[i] = -x[i]

第4章

練習問題 4-2
① p[i].f == 1
② p[i].x, p[i].y

練習問題 4-3-1
① draw(px, py, p)
② p[i].f == 1

練習問題 4-3-2
① P(0, 90, 50)
② P(1, 10, 10),
  P(0, 90, 10)

練習問題 4-4
① setpoint(x, y)
② moveto(x, y)

練習問題 4-5
① a[p].right
② a[p].left

第5章

練習問題 5-1
① a[i] < Min

練習問題 5-2
① N + 1
② c + 1
③ b + 1

練習問題 5-3
① ord('a')
② ord('A')

練習問題 5-4
① love > 80
② love > 60

練習問題 5-5
① x == 0
② '0'
③ ''

練習問題 5-6
① b = a + b
② fib(n)

練習問題 5-7
① int(input('西暦？'))
② y == -1

練習問題 5-8
① '*'
② hist[i]:s

練習問題 5-9
① print()

練習問題 5-10
① 0, 360, 10
② a + 120
③ a + 120

第 6 章

練習問題 6-1-1
① pow(x ,n - 1)

練習問題 6-1-2
① fib(n - 1) + fib(n - 2)

練習問題 6-1-3
① combi(n - 1, r - 1) + combi(n - 1, r)

練習問題 6-2-1
① 1, n+1
② p *= x

練習問題 6-2-2
① r + 1
② n - i + 1

練習問題 6-4
① 3
② left(-120)

練習問題 6-5
① 4
② left(-90)

第 7 章

練習問題 7-1-1
① m % n
② k == 0

練習問題 7-1-2
① m
② n, m % n

練習問題 7-2
① x*x/4 + y*y
② 4.0 * (2.0 * a / N)

練習問題 7-3
① prime[i] == 1
② j % i

練習問題 7-4
① k * (k + 1)
② s += e

練習問題 7-5
① N - 1, 0, -1
② a[j].yomi > a[j + 1].yomi

練習問題 7-6
① i < N and key != kana[i]
② i < N

練習問題 7-7
① high = kame -1
② low = kame + 1

練習問題 7-8
① i != 0
② word[i], word[i - 1]

練習問題 7-9
① ord(' あ ')
② ord(' あ ')
③ ord(' あ ')

練習問題 7-10
① 1, ' 自分が中心 ?',　　　2
② 3, ' 人の上に立ちたい ?',　4
③ 5, ' 人のために働く ?',　6

練習問題 7-14
① 2 * px, 2 * py
② 2 * px, 2 * py

練習問題 7-15
① 200, 174, 140, 120, 100, 60, 28, 10
② 0, 14, 30, 100, 100, 30, 14, 0

練習問題 7-16-1
① math.cos
② x*x + z*z

練習問題 7-16-2
① math.sqrt
② (x - 50)*(x - 50)

練習問題 7-18
① computer = 2
② computer = 0
③ computer = 1

第 8 章

練習問題 8-1-1
① x, y1
② x, y2

練習問題 8-1-2
① bottom=y1

練習問題 8-1-3
① width=-0.4
② width=0.4

練習問題 8-1-4
① explode=explode

練習問題 8-2-1
① np.sin(2 * a)
② np.sin(3 * a)

練習問題 8-2-2
① 2 * np.exp(0.1 * a)

練習問題 8-3
① 0, 0, 1, 1, 0.5

練習問題 8-4
① 0, 1, 2

練習問題 8-5
① [90, 90], [90, 72, 61], [72, 72]

練習問題 8-6
① -200, 200, 41
② i, i, 41

練習問題 8-7
① 200, 170, 140, 100, 60, 30, 10
② 26, 44, 55, 60, 55,44, 26

練習問題 8-8-1
① 0.8, 0.2, 0.2, 0.8, 0.8

練習問題 8-8-2
① 0, 0, 80, 80, 40, 0, 80
② 0, 0, 0, 0, 0, 0, 0
③ 50, 0, 0, 50, 80,50, 50

練習問題 8-8-3
① x, y, z

サンプルコードの使い方

　本書に掲載している例題や練習問題のプログラムコードは、以下のURLのサポートページからダウンロードすることができる。

https://gihyo.jp/book/2024/978-4-297-14047-2/support

アクセスID：zx6q2p　　パスワード：h9rs8b5y

1 動作に必要な環境

　本書に掲載しているプログラムコードはColab（Google Colaboratory）で動作するので、あらかじめ1-2　**Pythonの実行環境**を参考にWebブラウザーでアクセスし、Googleアカウントでログインしておく。そのため、パソコン環境およびWebブラウザーの利用できるインターネット環境が必要となる。そのほか、ログインの際にGoogleアカウントが必要なので用意（作成）しておく。

❶ 本書に掲載しているプログラムコードは、Google Colaboratory 以外の環境での動作は保証していない。また、ダウンロードしたコード、ファイルの利用により発生したいかなる障害、損害に関しても（株）技術評論社、および著者はいかなる責任も負わない。

2 フォルダー構成

　ダウンロードした圧縮ファイルは、「ipynb」「txt」「glib」の3つのフォルダーで構成されている。

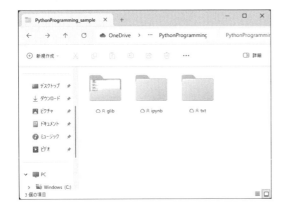

● 「ipynb」フォルダー

　「ipynb」フォルダーには、本書掲載のプログラムコード（＊.ipynb）が収録されている。「ipynb」フォルダーは、本書の第1章～第8章の内容に対応した「Chap1」～「Chap8」の名前の付いたフォルダーで構成されている。

　「例題」にはRei＊、「練習問題」にはDr＊のファイル名が付けられている。

≪例≫

　例題1-6　　　　→　　Rei1-6.ipynbファイル

　練習問題1-6　→　　Dr1-6.ipynbファイル

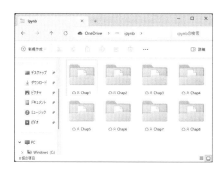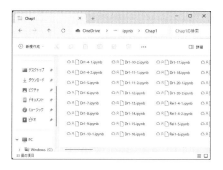

● 「txt」フォルダー

　「txt」フォルダーには、本書掲載のプログラムコードのテキストファイルが収録されている。ファイル名の規則は「ipynb」フォルダーと同じ。文字コードはUTF-8で保存されている。

≪例≫

　例題1-6　　　　→　　Rei1-6.txtファイル

　練習問題1-6　→　　Dr1-6.txtファイル

● 「glib」フォルダー

　「glib」フォルダーには、**4-4　分解とモジュール化**で紹介したグラフィックス・ライブラリのファイル（glib.py）が収録されている。

3 サンプルコードの実行方法

サンプルコードの実行方法は2通りある。ipynbファイルをGoogleドライブに
アップロードして実行するか、txtファイルの内容をGoogle Colaboratoryにコピー
&ペーストして実行する。

● 「ipynb」フォルダーのファイルを使用する場合

「ipynb」フォルダー内のすべてのファイルをGoogleドライブの「ColabNotebooks」
フォルダーにアップロードする。あらかじめWebブラウザーでGoogleドライブ
(https://drive.google.com/) を表示し、「Chap1」～「Chap8」のフォルダーごとドラッ
グ&ドロップすれば良い。

アップロードされたファイルをダブルクリックすると、Google Colaboratoryで
ファイルが開くので実行ボタンをクリックする。初回使用時などファイルが関連付
けられていない場合は、[アプリで開く] → [Google Colaboratory] をクリックする。

ドラッグ&ドロップする

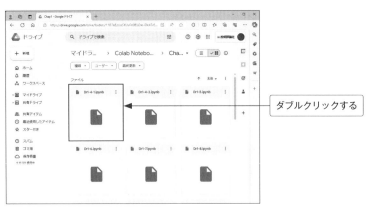

ダブルクリックする

「txt」フォルダーのtxtファイルを「メモ帳」などで開くと、プログラムコードが表示される。日本語が文字化けしている場合は、文字コードをUTF-8にして開き直す。

表示されたプログラム全体をコピーし、Google Colaboratoryで新規ノートブックを作成して、プログラム領域にペーストすれば良い。あとは、実行ボタンをクリックする。

「メモ帳」の場合は［編集］→［すべて選択］（もしくは Ctrl + A ）でプログラム全体を選択し、［編集］→［コピー］（もしくは Ctrl + C ）でコピーされる。Google Colaboratoryでは［編集］→［貼り付け］（もしくは Ctrl + V ）でペーストが行える。

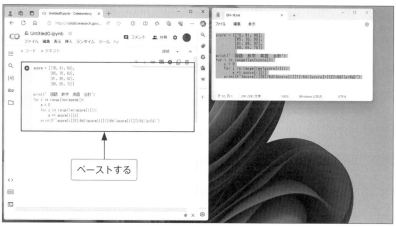

4 グラフィックス・ライブラリ（glib.py）の使い方

「glib」フォルダーにあるグラフィックス・ライブラリ（glib.py）は、**例題4-4、練習問題4-4、例題5-10、練習問題5-10、例題7-14、練習問題7-14、例題7-15、練習問題7-15、例題7-16、練習問題7-16-1、練習問題7-16-2**を実行する際に必要となる。

　プログラムを実行すると「ファイルの選択」ボタンが表示されるのでクリックし、サンプルファイルの「glib.py」を選択すれば良い。

索引 Index

サ行

● 著者略歴

河西　朝雄

山梨大学工学部電子工学科卒（1974年）。長野県岡谷工業高等学校情報技術科教諭、長野県松本工業高等学校電子工業科教諭を経て、現在は「カサイ.ソフトウエアラボ」代表。

主な著書：「入門ソフトウエアシリーズC言語、MS-DOS、BASIC、構造化BASIC、アセンブリ言語、C++」「やさしいホームページの作り方シリーズHTML、JavaScript、HTML機能引きテクニック編、ホームページのすべてが分かる事典、iモード対応HTMLとCGI」「チュートリアル式言語入門VisualBasic.NET」「はじめてのVisualC#.NET」「C言語用語辞典」ほか（以上ナツメ社）「構造化BASIC」「Javaによるはじめてのアルゴリズム入門」「VisualBasic6.0入門編/中級テクニック編/上級編」「InternetLanguage改定新版シリーズホームページの作成、JavaScript入門」「NewLanguageシリーズ標準VisualC++プログラミング、標準Javaプログラミング」「VB.NET基礎学習Bible」「原理がわかるプログラムの法則」「プログラムの最初の壁」「河西メソッド：C言語プログラム学習の方程式」「基礎から学べるPHP標準コースウエア」「なぞりがきC言語学習ドリル」「JavaScriptではじめるプログラミング超入門」「改定第5版C言語によるはじめてのアルゴリズム入門」「Pythonによるはじめてのアルゴリズム入門」など（以上技術評論社）

● カバーデザイン　　　クオルデザイン（坂本真一郎）
● 本文デザイン　　　　BUCH⁺
● 本文レイアウト　　　BUCH⁺
● 編集担当　　　　　　田中秀春

バイソン
Pythonによる
てき　し　こう　　にゅうもん
「プログラミング的思考」入門

2024年5月3日　初 版　第1刷発行

著　者　河西朝雄
　　　　か さい あき お
発行者　片岡　巌
発行所　株式会社技術評論社
　　　　東京都新宿区市谷左内町 21-13
　　　　電話　03-3513-6150　販売促進部
　　　　　　　03-3513-6160　書籍編集部
印刷／製本　日経印刷株式会社

定価はカバーに表示してあります。

● お問い合わせについて

本書の内容に関するご質問は，下記の宛先までFAXまたは書面にてお送りいただくか，弊社Webサイトの質問フォームよりお送りください．お電話によるご質問，および本書に記載されている内容以外のご質問には一切お答えできません．あらかじめご了承ください．
ご質問の際に記載いただいた個人情報はご質問の返答以外の目的には使用いたしません．また，返答後はすみやかに破棄させていただきます．

〒162-0846
東京都新宿区市谷左内町21-13
株式会社技術評論社　書籍編集部
『Pythonによる「プログラミング的思考」入門』
質問係
FAX番号　03-3513-6167
URL：https://book.gihyo.jp/116